図解 UFO

FILES No.014

桜井慎太郎 著

新紀元社

はじめに

　誰が何といおうと、UFO現象こそ究極の超常現象であり、UFO研究は超常現象研究の王道である。

　超常現象と呼ばれるものはいろいろある。心霊現象、超能力、未知動物、謎の消滅事件、超古代文明に地球空洞説、などなど……。

　しかし、UFO道を極めようとすれば、こうした無数の超常現象すべてに関わりを持つことになる。

　UFOが、宇宙のどこかから飛来する外宇宙航行用の飛行装置であれば話はけっこう簡単だ。正統派の天文学者とて、大宇宙のどこかに、我々人類をしのぐテクノロジーを発展させた生命体が存在することは否定しない。しかしそうした者たちがUFOで地球にやってきているとすれば、現在世界各地から報告されるほど頻繁に目撃されることはありえない。

　また、目撃されたUFOやその搭乗員らしき存在の形状はあまりにも統一性を欠く上、搭乗員たちが示す行動は、地球人の常識の範疇から外れているものが多い。

　さらには、謎の人物MIBやらキャトル・ミューティレーション、バミューダ・トライアングル、ユリ・ゲラーの超能力とUFOとの関係もささやかれている。

　こうした複雑な現実に対し、UFO研究家たちはさまざまな仮説を提唱してきた。誤認説に秘密兵器説、心霊現象説に心理投影説、さらに超地球人説と呼ばれるものまである。

　こうした仮説の中には、人間の深層心理の襞の奥底に潜む無意識や、古の神話や伝説、妖精や聖母マリアの出現などとUFOを結びつけるものもあり、ひいては我々の存在意義、生存の本質は何かという根源的な問いかけにまでたどりつく。

　我々は何者なのか、どこから来てどこへ行くのか？　もしかしたらUFO研究こそ、この究極の問題を解決する糸口になるかもしれないのである。

　本書は、UFO研究という無限に続く夢幻迷路へのパスポートである。うっかり踏み込んだら抜け出せなくなることもあるのでご用心。

桜井慎太郎

目次

第1章 UFO事件　7

- No.001 アーノルド事件 ── 8
- No.002 ロズウェル事件 ── 10
- No.003 ロズウェル事件2 ── 12
- No.004 ロズウェル事件3 ── 14
- No.005 マンテル事件 ── 16
- No.006 アズテック事件 ── 18
- No.007 アダムスキー事件 ── 20
- No.008 ワシントン上空UFO事件 22
- No.009 フラットウッズ事件 ── 24
- No.010 ヴィリャス＝ボアス事件 ── 26
- No.011 ケリー・ホプキンスヴィル事件 28
- No.012 トリンダデ島事件 ── 30
- No.013 ジル神父事件 ── 32
- No.014 ヒル夫妻事件 ── 34
- No.015 ウンモ星人事件 ── 36
- No.016 ソコロ事件 ── 38
- No.017 ケックスバーグ事件 ── 40
- No.018 モスマン事件 ── 42
- No.019 介良事件 ── 44
- No.020 パスカグーラ事件 ── 46
- No.021 ラエル事件 ── 48
- No.022 マイヤー事件 ── 50
- No.023 甲府事件 ── 52
- No.024 ウォルトン事件 ── 54
- No.025 テヘラン追跡事件 ── 56
- No.026 レンドルシャムの森事件 ── 58
- No.027 MJ12事件 ── 60
- No.028 ガルフブリーズ事件 ── 62
- No.029 エリア51事件 ── 64
- No.030 ボロネジ事件 ── 66
- No.031 リンダ・ナポリターノ事件 68
- No.032 メキシコ空軍UFO目撃事件 70
- No.033 ツングースカ爆発 ── 72
- No.034 ファーティマ事件 ── 74
- コラム　実録「エリア51でUFOを目撃!?」 76

第2章 UFO基礎用語　77

- No.035 UFOの形態 ── 78
- No.036 飛行パターン ── 80
- No.037 幽霊飛行船 ── 82
- No.038 フー・ファイター ── 84
- No.039 幽霊ロケット ── 86
- No.040 エゼキエル宇宙船 ── 88
- No.041 接近遭遇 ── 90
- No.042 コンタクティー ── 92
- No.043 ジョージ・アダムスキー ── 94
- No.044 オーフィオ・アンジェルッツィ 96
- No.045 ダニエル・フライ ── 98
- No.046 トルーマン・ベスラム ── 100
- No.047 ハワード・メンジャー ── 102
- No.048 ジョージ・ヴァン・タッセル 104
- No.049 エリザベス・クレアラー 106
- No.050 UFO搭乗員 ── 108
- No.051 グレイ ── 110
- No.052 うつろ舟の蛮女 ── 112
- No.053 異星人解剖フィルム ── 114
- No.054 アブダクション ── 116
- No.055 インプラント ── 118
- No.056 キャトル・ミューティレーション 120
- No.057 EM効果 ── 122
- No.058 ウェイブ ── 124
- No.059 MIB ── 126
- No.060 レクチル座ゼータ星 ── 128
- No.061 第18番格納庫 ── 130
- No.062 シェイヴァー・ミステリー ── 132

目次

No.063	ミステリー・サークル	134
No.064	火星の運河	136
No.065	マゴニアとラピュタ	138
No.066	アポロ計画	140
No.067	火星の人面石	142
No.068	チュパカブラス	144
No.069	バミューダ・トライアングル	146
No.070	オーパーツ	148
コラム	UFOに乗る夢魔たち	150

第3章　UFO研究家＆研究団体　151

No.071	チャールズ・フォート	152
No.072	ジェイムズ・マクドナルド	154
No.073	フランク・エドワーズ	156
No.074	ドナルド・キーホー	158
No.075	ジョン・キール	160
No.076	フィリップ・クラス	162
No.077	カール・セーガン	164
No.078	エーリッヒ・フォン・デニケン	166
No.079	J・アレン・ハイネック	168
No.080	レイモンド・パーマー	170
No.081	ジャック・ヴァレー	172
No.082	エメ・ミシェル	174
No.083	ドナルド・メンゼル	176
No.084	ロレンゼン夫妻	178
No.085	プロジェクト・ブルーブック	180
No.086	ロバートソン査問委員会	182
No.087	コロラド大学UFOプロジェクト	184
No.088	全米空中現象調査委員会	186
No.089	フランス国立宇宙センター	188
No.090	日本空飛ぶ円盤研究会	190
コラム	UFOとSF小説	192

第4章　UFOの正体　193

No.091	UFO学説	194
No.092	宇宙船説	196
No.093	秘密兵器説	198
No.094	地底起源説	200
No.095	海底起源説	202
No.096	タイムマシン説	204
No.097	誤認説	206
No.098	陰謀説	208
No.099	生物説	210
No.100	心霊現象説	212
No.101	心理投影説	214

索引　　　　　　　　　　216
参考文献　　　　　　　　220

第1章
UFO事件

No.001
アーノルド事件
Arnold Sighting

アメリカの実業家ケネス・アーノルドが、9個の謎の飛行物体を目撃した事件は、UFO現象が公式に認知される発端となった。

●空飛ぶ円盤現る

　1947年、アメリカの実業家ケネス・アーノルドが謎の飛行物体を目撃した事件は、UFO現象が公式に認知された記念すべき事件である。この事件により"空飛ぶ円盤"という言葉が生まれ、事件が発生した6月24日は、今でも国際UFO記念日として記憶されている。

　この日、アーノルドは、仕事のためワシントン州チヘーレスにおり、午後2時頃、次の目的地であるヤキマに向けて自家用機で飛び立った。

　その途中、少し回り道をして、レイニア山付近で消息を絶ったアメリカ海兵隊のC46輸送機の探索を試みた。しかし結局墜落現場は見つからず、あらためてヤキマに向かうため方向を変えたアーノルドは、輸送機の残骸よりはるかに奇妙な物体を目撃することとなった。

　進路を変更して2，3分ばかり飛んだ頃、アーノルドは何かの光がきらめくのに気づいた。次に閃光があった時、その方角がわかった。その方向、レイニア山の北、アーノルドから見て左前方向には、9個の物体が連なって飛んでいた。物体はレイニア山から75km離れたアダムズ山までを、わずか102秒で飛んだ。時速になおすと、約2,700kmもの高速になる。もちろん当時、このような高速で飛ぶ飛行物体など、地球上には存在していない。

　マスコミは、一躍この目撃事件について報じ、その後正体不明の飛行物体の目撃報告が世界中から寄せられるようになった。物体の形状についてアーノルドは、事件直後に、ゆがんだ円のような形を描いたが、後になると尾翼や尾部のない平たい形で翼があり、1つはほとんど三日月型で中央にドームがあったと述べるようになった。

　また空飛ぶ円盤という呼び名は、アーノルドが物体の飛行の仕方について「円盤を水面で水切りさせたような」と表現したことから生まれた。

No.001
第1章 ● UFO事件

「空飛ぶ円盤」の誕生

1947年 6月24日

目撃!!

三日月型で中央にドームがある円盤

アーノルド

目撃談でアーノルドが表現する 円盤を水面で水切りさせたような

これが

空飛ぶ円盤 という語源となる

そして

6月24日は 国際UFO記念日 とされた

関連項目

● ウェイヴ→No.058　　　　　● ジャック・ヴァレー→No.081

No.002
ロズウェル事件
Roswell Incident

ニューメキシコ州ロズウェルにある牧場で、奇妙な残骸が散乱しているのが発見された。軍報道官は「空飛ぶ円盤の残骸を回収」と発表した。

●最初は小さな事件だったが

ロズウェル事件というと、1947年7月、ニューメキシコ州ロズウェルで目撃されたUFOが、その直後に墜落、残骸や**UFO搭乗員**の遺体をアメリカ空軍が回収、隠匿した事件と認識されている。現実には、UFO研究家の間でもその墜落場所については異論があるのだが、ロズウェルにおいて搭乗員の遺体が回収されたという信仰を前提に、**第18番格納庫**や**MJ12**、さらには1995年に公開された**異星人解剖フィルム**まで、新たなUFO神話が生まれる際の重要な構成要素の1つとなっている。

しかし新聞報道等の残された記録で確認する限り、1947年当時、ロズウェルでの事件はそれほど重要とはみなされていなかったようだ。

まず1947年7月2日午後9時50分頃、ダン・ウィルモット夫妻が北西に向かって飛行する物体を目撃したという報告が残っている。夫妻によれば物体は楕円形で、2枚の皿を合わせたような形をしていたという。

一方、相前後して、ロズウェル近郊にある牧場の所有者、ウィリアム・ブレイゼルが、自分の牧場で、アルミホイルのようなもので覆われた多くの紙の切れ端や木製の棒、スコッチテープや花柄の入った別のテープなどが散乱しているのを発見した。

ブレイゼル自身は、彼がこれらの残骸を発見したのは、**アーノルド事件**よりも前の6月14日のことと述べているが、いずれにせよロズウェルの保安官に届け出たのは7月7日になってからだった。

7月8日、ロズウェル飛行場に駐屯する第509爆撃航空軍情報部が、これらの残骸について「空飛ぶ円盤を回収した」と発表したため、この報道は世界中に配信された。だが、この報道はその日のうちに否定され、事件そのものも、すぐに人々の記憶から消え去ってしまった。

ロズウェル事件とアーノルド事件

アーノルド事件

6月24日
アメリカの実業家アーノルドが9個の謎の飛行物体を目撃する

7月2日
ダン・ウィルモット夫妻が未確認飛行物体を目撃

6月14日
ブレイゼルが主張するロズウェル事件の発生日

7月7日
ブレイゼルがアルミホイルのようなもので覆われた多くの紙などを発見し、保安官に報告。発見したのは6月14日だと主張する

7月8日
第509爆撃航空軍情報部が、空飛ぶ円盤の残骸を回収したと発表。しかしのちに否定する

1947年 6〜7月

ロズウェル事件

関連項目

● 第18番格納庫→No.061　　● 異星人解剖フィルム→No.053

No.003
ロズウェル事件2
Roswell Incident as a Mith

忘れられていたロズウェル事件は、1978年に復活した。一部のUFO研究家が、あやふやな情報を繋ぎ合わせた結果、事件は神話となった。

●神話の誕生

　歴史の中で完全に埋もれていた**ロズウェル事件**は、アメリカのUFO研究家スタントン・フリードマンとウィリアム・L・ムーアの2人が、この事件を文字通り発掘したことで、神話として復活することになる。

　フリードマンはある日、ロズウェルから西に240km以上も離れたソコロ郡のサン・アグスティンで、グラディ・バーネットという技師が、墜落したUFOを目撃したという情報を得た。この話をフリードマンに伝えたのは、バーネットの友人であるモルティーズ夫妻であった。その後フリードマンらは、1978年までに、ブレイゼルの農場にあった残骸を回収したジェシー・マーセル少佐の所在をつきとめ、新たな証言を発掘した。

　こうして、ダン・ウィルモット夫妻のUFO目撃とブレイゼルの農場での残骸事件、そしてサン・アグスティンの墜落事件が繋ぎ合わされて、1947年7月2日、ブレイゼルの農場に残骸を撒き散らしたUFOがサン・アグスティンに墜落したという、ロズウェル事件の1つの筋書きが誕生した。

　一方、ケヴィン・D・ランドルとドナルド・R・シュミットは、独自の調査を通じ、グレン・デニスやジェイムズ・ラグズデイルといった新たな証人を見つけ出した。この結果、墜落したUFOと搭乗員の遺体に関する新たな証言だけでなく、ロズウェル病院に運び込まれた黒焦げの小柄な死体、病院内を歩いていた頭の大きな生物、といった小道具が次々と神話に追加された。ランドルらは、UFOが墜落したのはサン・アグスティンではなく、ロズウェル北方56kmの地点であると主張したが、ランドルらにとって重要な証人となっていたラグズデイルが、後になって墜落現場を訂正したため、事件の正確な日付さえ特定されず、墜落現場が少なくとも3箇所もあるという奇妙な状況が生じた。

ロズウェル事件3つの墜落現場

❶ チャベス郡ロズウェル
ブレイゼルがアルミホイルのようなもので覆われた多くの紙の切れ端などが散乱しているのを目撃した場所

❷ ソコロ郡サン・アグスティン平原
グラディ・バーネット夫妻のUFO目撃談がモルティーズ夫妻を通じて、UFO研究家スタントン・フリードマンに伝わった場所

❸ ロズウェル北方56km地点
ケヴィン・D・ランドルらが独自に調査を進め、得た証言をもとに、墜落現場を特定した場所（後に証人に訂正されている）

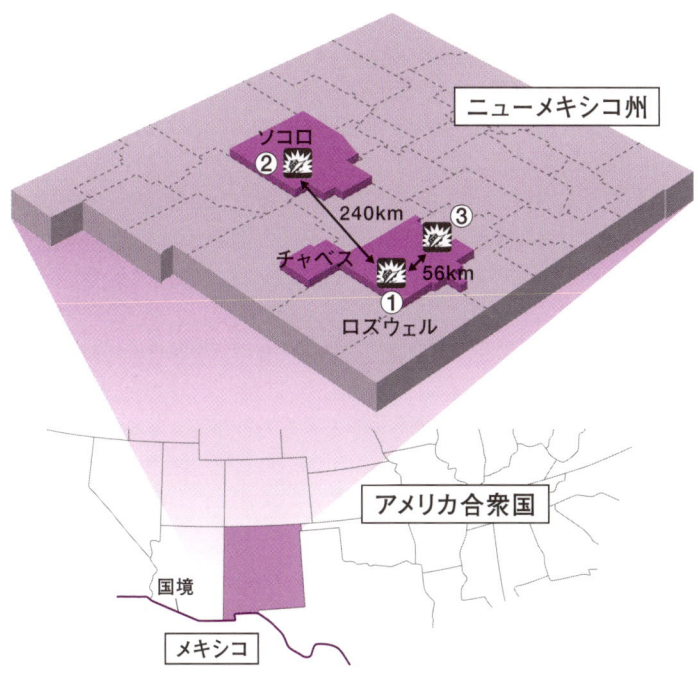

関連項目

●ロズウェル事件→No.002　　　●ロズウェル事件3→No.004

No.004
ロズウェル事件3
US Air Force Strikes Back

1980年以降、神話となったロズウェル事件は、一種の社会現象となった。アメリカ空軍も事態を無視できなくなり、本格的な調査を行った。

●アメリカ空軍反撃す

　ロズウェルにおけるUFO墜落事件そのものは、30年以上前のあやふやな記憶に基づく証言が主体となっており、具体的証拠はないといってよい。しかし、大衆の信じるものが、必ずしも真実であるとは限らない。1980年代のアメリカで、**ロズウェル事件**は一種の社会現象ともなり、アメリカ政府や軍がUFO情報を隠匿しているという**陰謀説**に勢いを与えた。そして1994年、ニューメキシコ州選出のスティーヴン・シッフ上院議員がアメリカ会計検査院に事件の調査を命じたことがきっかけで、アメリカ空軍が事件について本格的な調査を行うこととなった。

　空軍は1994年9月、「ブレイゼルの牧場に落下した物体は、モーガル・プロジェクトと呼ばれる秘密計画に使用された観測用気球であった」と発表した。しかし気球のみでは、病院で目撃された奇怪な生物や、UFOの残骸、さらに残骸と一緒に目撃された4本指の生物などを十分説明することはできない。そこで空軍は、さらに包括的な調査を続け、当時の関係者に隈なくインタビューを行った。

　1997年6月に、こうした調査の結果を最終報告として発表した。

　この最終報告によれば、救急車の中の残骸は2枚のパネルであり、3体の黒焦げになった遺体は、実は1956年6月26日のKC-97型機の事故の犠牲者の記憶とが混同されたものであった。また病院内を歩き回っていた頭の大きな生物とは、1959年の気球事故のため頭が腫れ上がった軍人であり、人々が異星人の遺体として記憶していたのは、1953年から1959年までニューメキシコ州で実施された高々度からの降下実験に使用されたダミー人形であるとされた。実験は、ロズウェル事件よりも後に行われたが、空軍は、年代に関する証言者の記憶が混乱したものと結論した。

UFO事件に対する空軍の結論

世論に動かされる形で、アメリカ空軍が調査を開始し、数々の現象に対する論理的な結論を発表した

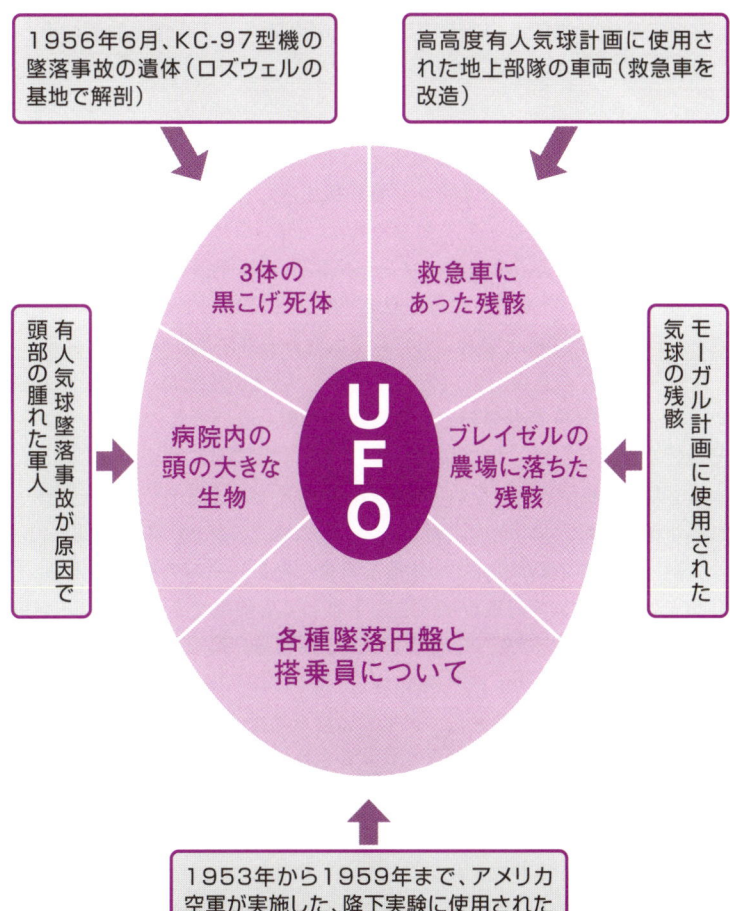

関連項目
●ロズウェル事件→No.002
●ロズウェル事件2→No.003

No.005
マンテル事件
Mantel Incident

マンテル大尉の名は、UFO史上最初の犠牲者として記憶されている。
しかし彼が追跡した物体は、スカイフックという大型気球だった。

●UFO事件初の犠牲者

　1948年1月7日、F51マスタング戦闘機で謎の飛行物体を追跡、帰らぬ人となったトマス・マンテル大尉の名は、UFO事件史上最初の犠牲者として記憶されている。またこのマンテル事件の他、同年7月24日のイースタン航空576便パイロットによる目撃事件、10月1日に起きたゴーマン大尉のUFOとの空中戦とを合わせて、三大古典的事件と呼ぶこともある。

　マンテル事件の当日、ケンタッキー州では各地の住民が、アイスクリーム・コーンのような形の謎の飛行物体を目撃した。そこで、ゴッドマン基地近くを飛行中だった4機のF-51マスタング戦闘機に調査が命じられた。うち1機は燃料が残り少なかったため、そのままスタンディフォードへの飛行を続けたが、マンテル大尉に率いられた残り3機がUFOを追跡した。

　大尉に従った2機は、途中で追跡を断念したが、マンテル大尉のみは上昇を続け、最後に「高度6000mまで上昇しても捕捉できなければ、追跡を断念する」という交信を行った直後、3時15分に機影が消えた。

　捜索の結果、マンテル機の残骸は左主翼と後部胴体とを失った姿でケンタッキー州フランクリン付近の農場で発見された。マンテルの遺体は操縦席にあり、風防は閉じられたままロックされていた。腕時計は3時18分で止まっていた。その状況から、酸素不足にも拘わらず追跡を続けたため気を失い、コントロールを失った機体は空中分解したものと考えられた。

　マンテル大尉が追跡し、命を失った飛行物体について、事件の直後に発足したプロジェクト・サインは、当初金星であったと発表した。しかしその後の調査により、アメリカ海軍がこの地域上空で密かにスカイフックと呼ばれる気球を飛ばしていたことが判明している。

追跡したマンテルとスカイフックの高度

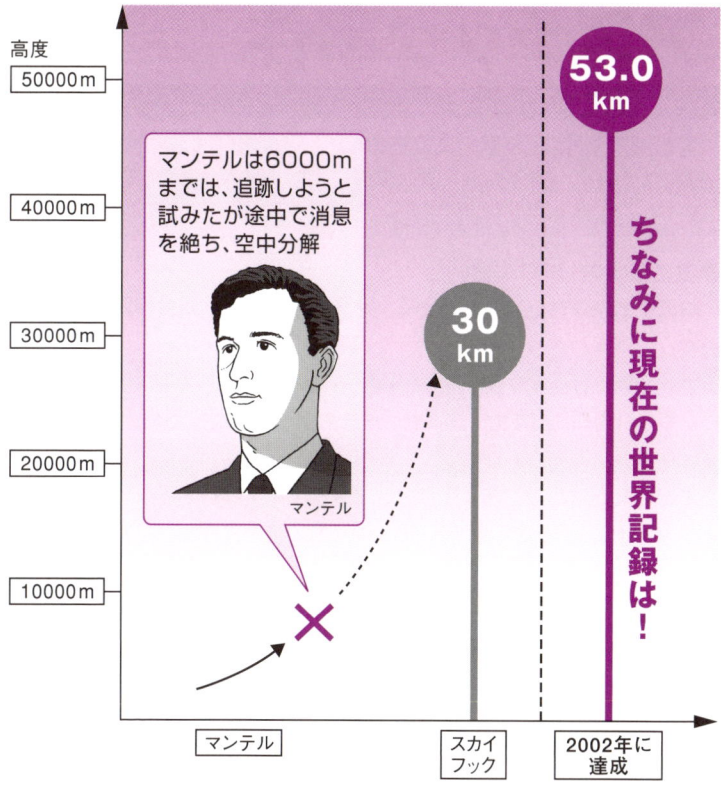

♣ スカイフック

　アメリカ海軍が気象観測に使用した大型気球。高度3万メートルもの高高度の気象データを集めることができるが、1950年まで極秘で、空軍もその存在を知らなかった。マンテル大尉はこの気球をUFOと見誤って追跡したものと一般に説明されているが、問題の1月7日にスカイフックが上げられたという記録は確認されていない。

関連項目

●ロズウェル事件→No.002　　　　●プロジェクト・ブルーブック→No.085

No.006
アズテック事件
Aztec Incident

UFO墜落事件として最初に公表された。発表当時はアメリカ全土の話題になったが、「トゥルー」誌の調査により、現在は捏造とされている。

●史上最初のUFO墜落報告

　ロズウェル事件をはじめとする、数々のUFO墜落、残骸回収事件の中で、最初に公表されたものがアズテック事件である。

　アメリカの著述家フランク・スカリーは、1950年にアズテック事件を扱った『UFOの内幕』を発表。この本がベストセラーとなったことで、アズテック事件も一躍脚光を浴びた。

　事件の概要は、1948年3月25日、アメリカのニューメキシコ州アズテック東方に乗員16名を乗せた直径約30mのUFOが墜落し、それをアメリカ軍が密かに回収したというものである。

　UFOの外部は窓らしきものが割れていた程度で大きな損傷はなかったものの、搭乗員は全員死亡していたという。乗員は身長90cmから1.2m程度で体に比べて大きな長めの頭を持ち、目はつり上がっていた。UFOを構成する物質は非常に軽く、アルミニウムのように見えるが1万度の高熱やダイヤモンドのドリルでも破損できないほど頑丈だったという。

　また、スカリーにこの事件の情報をもたらしたのは、UFOの調査に参加したギー博士と、サイラス・M・ニュートンなる人物であった。

　アメリカの雑誌「トゥルー」は、事件の調査を、フリー・ジャーナリストのJ・P・カーンに依頼した。カーンは、唯一の証拠品であるアルミニウムのような金属を持つニュートンを何度か訪ね、最後にこの金属を模造品とすり替えた。問題の金属を分析したところ、地球製の普通のアルミニウムであると判明した。またギー博士なる人物も、実はラジオ・テレビ部品店を経営するゲバウアーという人物であった。

　他方、スカリーの著書の内容は事実であり、彼が真実に近づきすぎたため、CIAの罠にはめられたのだという主張も一部に残っている。

アズテック事件の根拠と結末

大ベストセラーとなった『UFOの内幕』の根拠が「トゥルー」誌の調査によってあばかれていった

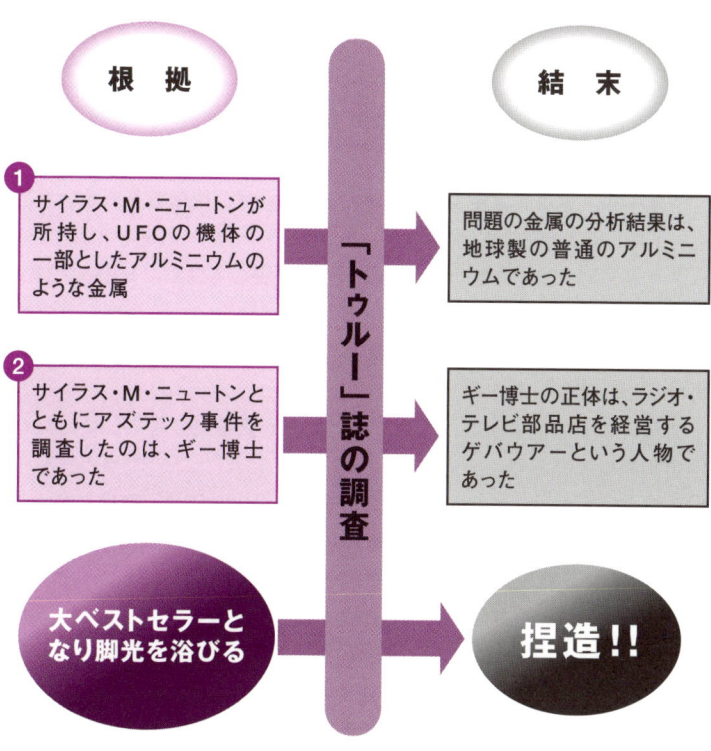

捏造はCIAの罠？

関連項目
- ロズウェル事件→No.002
- 陰謀説→No.098
- グレイ→No.051

No.007
アダムスキー事件
Adamski Contacts

> ジョージ・アダムスキーは、世界で初めて異星人とのコンタクトを主張した人物である。以降、同様のコンタクティーが多数名乗りをあげた。

●コンタクトの開始

　ジョージ・アダムスキーは、世界で最初に**UFO搭乗員**との接触を公表した人物、いわゆる**コンタクティー**として、UFO史に名をとどめている。

　アダムスキーがそのコンタクトについて発表して以来、**トルーマン・ベスラム**や**ダニエル・フライ**、**ハワード・メンジャー**など、同様に友好的な搭乗員とコンタクトしたと主張するコンタクティーたちが続々と名乗りをあげることにもなった。

　アダムスキーによれば、最初にパロマーで葉巻型母船を目撃したのは1946年のことであり、1952年11月20日にはカリフォルニア州のモハーベ砂漠で金星人オーソンと会見、さらに翌年2月18日には、火星人ファーコンや土星人ラミューと会って緒にUFOに乗り、月や金星を訪れたという。

　アダムスキーは1953年、イギリスのデズモンド・レズリーとの共著で『空飛ぶ円盤実見記』を著し、こうしたコンタクトについて公表した。

　アダムスキーのコンタクト・ストーリーは、当初大きな衝撃を巻き起こし、その宇宙哲学ともあいまって世界中に信奉者を増やした。また、彼が目撃したUFOとそっくりのUFOを目撃したり撮影したりしたとする報告が世界各地から寄せられるようになった。

　一方、彼がスペースブラザーズと呼ぶ搭乗員たちは、太陽系内の他の惑星から、アダムスキー型と呼ばれるUFOで地球を訪れているとされているが、その後の宇宙探査の結論からいえば、他の惑星に人類そっくりの生命体が進化している可能性はない。

　その他アダムスキーの証言には、天文学の観点から相容れないものも多いが、彼が主張する宇宙哲学なる独特の神秘思想ともあいまって、今でも彼を支持する団体が世界各地で活動している。

異星人とのコンタクト

1952年
金星人オーソンが地球に飛来
カリフォルニア州で会見

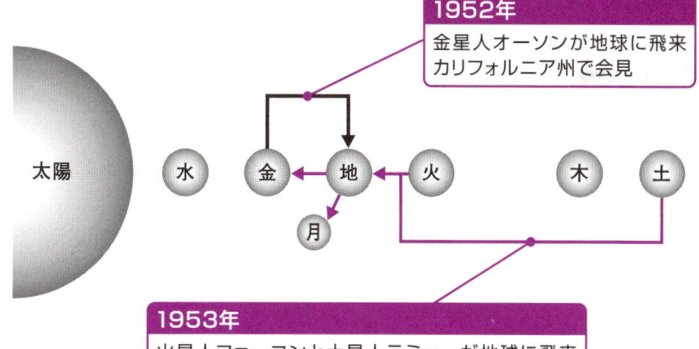

太陽　水　金　地　火　木　土
　　　　　　月

1953年
火星人ファーコンと土星人ラミューが地球に飛来
異星人のUFOに搭乗して金星と月へ向かう

アダムスキーの生涯

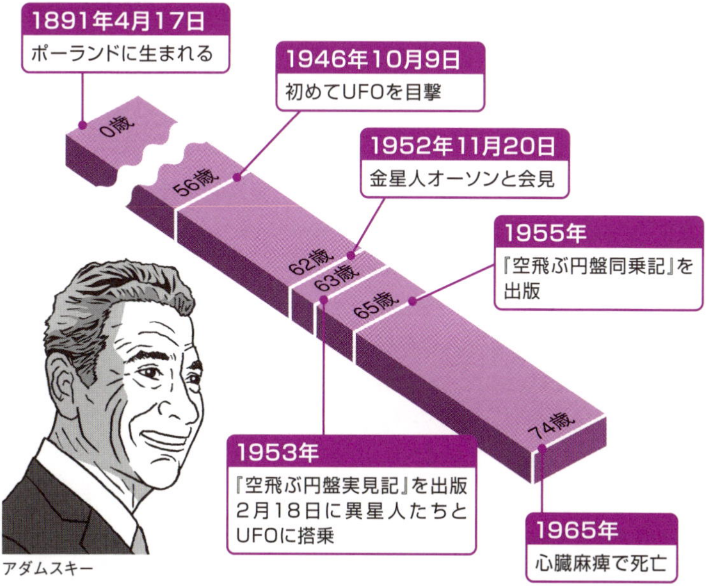

1891年4月17日
ポーランドに生まれる
0歳

1946年10月9日
初めてUFOを目撃
56歳

1952年11月20日
金星人オーソンと会見
62歳

1953年
『空飛ぶ円盤実見記』を出版
2月18日に異星人たちとUFOに搭乗
63歳

1955年
『空飛ぶ円盤同乗記』を出版
65歳

1965年
心臓麻痺で死亡
74歳

アダムスキー

関連項目
●コンタクティー→No.042　　　●ジョージ・アダムスキー→No.043

No.008
ワシントン上空UFO事件
Washington National Rader-visual Sightings

1952年、アメリカの首都ワシントン上空で一連のUFO事件が発生。
複数のレーダーが謎の物体を捉え、肉眼でも発光物体が目撃された。

●レーダーと肉眼での同時目撃

　1952年には、アメリカでUFO目撃が多発するという、いわゆる**ウェイヴ**が発生している。そしてこの年の7月には、アメリカの首都ワシントン上空で、大規模なUFO事件が発生した。

　7月19日の午後11時40分、ワシントン国際空港の管制官がレーダースコープ上に7個の謎の飛行物体を発見した。管制官は最初自分の目を疑い、他の管制官にも確認を求めたが、同僚たちも正体不明の何かが映っていることを認めた。レーダーで見る限り、物体は時速160kmから150kmの速度で移動しているように見えたが、一箇所に停止したり、突然急上昇・下降するなど、通常の航空機とは思えない行動を示していた。管制官たちは、レーダーの故障という可能性も疑い、点検を行ったが何も異常なかった。

　日付の変わった20日の午前3時15分には、民間航空機のパイロットが肉眼で7つの光点を確認した。続いて26日の午後10時30分には、ワシントン国際空港とアンドリューズ空軍基地双方のレーダーが飛行物体を捕捉。肉眼でも光点を目撃したとの報告がいくつか寄せられたため、軍は迎撃機を2機発進させた。しかし、迎撃機のパイロットで、肉眼により光点を確認したのは1人だけだった。しかも、このパイロットの証言によれば、光点を追跡しようとして、迎撃機の最高速度を出したが、追いつくことはできなかったという。

　この事件は、レーダーと肉眼の双方で同時にUFOが確認されるという、いわゆるレーダー・目視事件として古典的なケースとなっているが、民間航空管理局の技術開発センターは、首都上空に気温逆転層（P177）が発生し、それがレーダー電波を反射したものであり、パイロットが目撃したのは地上の別の光源であったのではないかと推測している。

レーダーと肉眼による目撃事件

レーダー 1952年7月19日 午後11時40分

ワシントン国際空港の管制官がレーダースコープ上に正体不明の7つの何かを発見する

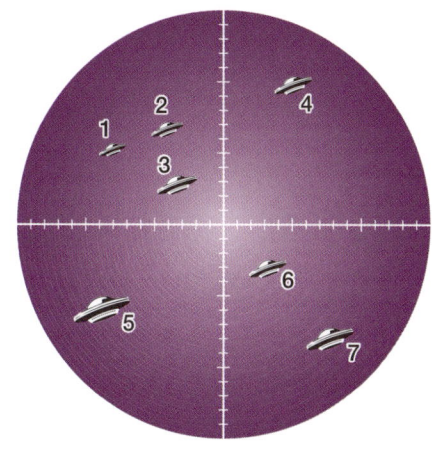

肉眼 1952年7月20日 午前3時15分

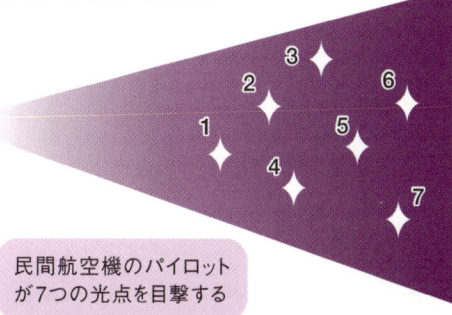

民間航空機のパイロット

民間航空機のパイロットが7つの光点を目撃する

2つの事件のあとにも肉眼やレーダーで、未確認飛行物体の目撃情報が寄せられ、空軍が迎撃機を2機出動させている（追いつけなかった）

関連項目

●テヘラン追跡事件→No.025 　　　　●ウェイブ→No.058

No.009 フラットウッズ事件

Flatwoods Incident

UFO目撃と前後して奇怪な生物らしき存在が目撃された古典的事件。
現実には、直前のUFO目撃と怪物との関連は明らかでない。

●UFOとともに現れた怪物

1952年9月12日、アメリカのウエストヴァージニア州フラットウッズで発生したUFO事件では、UFO目撃直後に奇怪な姿の怪物が目撃された。事件のはじまりは、午後7時15分頃、学校のグラウンドで遊んでいた少年たちが、輝く発光体が空を横切るのを目撃したことだった。

彼らには、物体が近くの丘に着陸したように見えた。少年たちの中には、町の美容師キャスリン・メイの息子2人がいたので、まず全員がメイ夫人の家に駆け込み、夫人と6人の少年たちは懐中電灯を手に、犬を連れて物体が落ちたとみられる丘に向かった。

丘に登った一行は、木立の間に、何か赤い光のようなものが点滅するのを発見したので、その方向に懐中電灯を向けた。すると、懐中電灯の光が何かを捉えた。

それは、人間のような体形をしていたが、身長は3mから5mもあり、両眼の色はオレンジ色だった。また、胴体は大きく、顔は血のように真っ赤で、スペード形をしたフードのような形がその顔を囲っており、手はかぎ爪のような形をしていた。怪物は、シューというような音を立て、空中をすべるように近づいてきた。驚いた一行は慌てて逃げ出したが、そのとき少年たちは、いやな匂いを発する"もや"のようなものに気づいたという。

1時間後、保安官が何人かの志願者を連れて現場に駆けつけたが、そのときにはもう、UFOも怪人もいなかった。

この怪物は、愛好家の間では「3mの宇宙人」としても知られている。また、事件のあった1952年9月12日には、ウエストヴァージニア州周辺で隕石が確認されており、「子供たちが見た飛行体は隕石であった」とする説もある。

事件のあらまし

1 アメリカのウェストヴァージニア州のブラクストン郡フラットウッズの町のとある学校のグラウンドで6人の少年たちが遊んでいた

2 発光体を目撃！　午後7時15分頃、輝く発光体が空を横切るのを目撃する

3 少年たちは、いったんは近くにあったメイ兄弟の家にかけこみ、美容師のメイ夫人とともに犬を連れて落下地点に向かう

4 怪物との遭遇!!

落下地点には、怪人がいて、シューという音を立てて空中をすべるように近寄ってきたために7人は逃げ出す

5 1時間後、保安官や志願者を連れて落下地点に戻ったときには怪人もUFOもなくなっていた

関連項目

● UFO搭乗員→No.050

No.010
ヴィリャス=ボアス事件
Villas Boas Abduction

ブラジルの青年がアブダクションされ、異星人女性とのセックスを強要されたという奇妙な事件。発生はヒル夫妻事件よりも先である。

●UFO搭乗員による混血計画？

　ヴィリャス=ボアス事件は、1957年に発生したとされる。これが正しいなら、1961年の**ヒル夫妻事件**より4年前のこととなり、史上最初の**アブダクション**となる。

　1957年10月15日の夜、ブラジルのミナス・ジェライス州サン・フランシスコ・デ・サレスの農夫、アントニオ・ヴィリャス=ボアスは、深夜の農場で1人トラクターを操縦して農作業を行っていた。その時、上空に光点が現れたかと思うと、彼に向かって飛んできたため、彼はトラクターを運転して逃げようとした。しかし、物体が10mから15mくらい前方に着陸すると、トラクターのエンジンも停止してしまった。

　ヴィリャス=ボアスはトラクターから飛び降りて逃げようとした。すると、物体の中からは4人の搭乗員が現れ、ボアスの行く手をさえぎった。彼らはヘルメットを被り、身体にぴったりフィットした灰色の服を身につけていた。彼らの身長は、ヘルメットも含めて1.6mのヴィリャス=ボアスと同じくらいであった。

　ヴィリャス=ボアスは抵抗したが、結局UFO内に連れ込まれ、顎から採血をされた後で、服を脱がされて部屋に1人で残された。しばらくすると、身長が彼の肩くらいしかない裸の女性が部屋に入ってきた。女性は目が大きく薄い唇、小さい鼻と耳、大きな尻と太い太股を持ち、陰毛は赤だが、ヴィリャス=ボアスがこれまで見たどの女性よりも美しかったという。

　女性は性行為の最中うなりを発し、ヴィリャス=ボアスは動物と行為をしているように感じたという。行為後、女性は自分の腹を指さしたが、これは彼の子を宿すのが目的だったと示すものではないかともいわれている。ヴィリャス=ボアスはその後UFOで宇宙を飛行した後地上に降ろされた。

史上最初のアブダクション

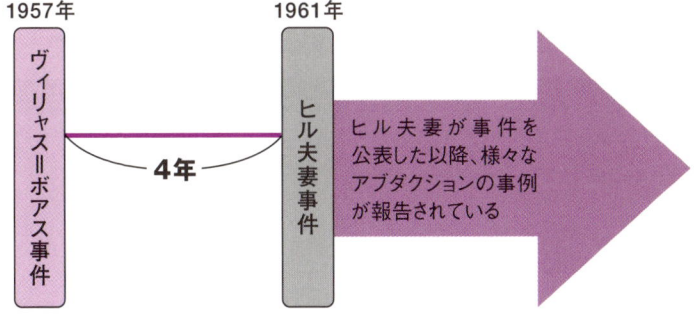

地球人との混血？

1957年10月15日、農場で働いていたブラジル人アントニオ・ヴィリャス＝ボアスは、上空に現われたUFOを目撃し、なかから出てきた異星によってUFO内に連れ込まれる

関連項目
●ヒル夫妻事件→No.014
●EM効果→No.057
●アブダクション→No.054

No.011
ケリー・ホプキンスヴィル事件
Kelly-Hopkinsville Incident

UFO目撃と関連して奇怪な生物が目撃された事件で、多数の目撃者がいる。フラットウッズ事件と並んで古典的なものとなっている。

●銃撃にも平気な怪物

　アメリカのケンタッキー州ホプキンスヴィル郊外にあるサットン農場の住民は、1958年8月21日の夜から翌朝にかけて、想像もできないような恐怖の一夜を経験することとなった。

　当日、農場にはサットン家の友人であるビリー・レイ・テイラーも含め、大人8人と子供3人がいた。最初にUFOを目撃したのがこのテイラーである。テイラーは午後7時頃、外の井戸近くで、夜空を横切って近くに着陸する何かを見た。そして、7時30分頃になると農場の飼い犬が激しくほえはじめたのだが、すぐに尻尾を巻いて家の下に隠れてしまった。

　家族の1人ラッキー・サットンとテイラーが原因を調べようと裏口から外に出ると、何か光るものが近づいてくるのが見えた。それは身長1.5mくらいの人のような生物で、大きな目を持ち、黄色っぽく光る手には長い爪があった。体色は銀色をして、宙に浮いたままこちらに近づいて来た。驚いたラッキー・サットンとテイラーが、6mくらいの距離からショットガンとライフルで攻撃したところ、怪物は一旦闇に消えた。

　しかしその後再び窓の外に怪物が現れたので、2人は網戸越しに銃撃し、死体を確認するため外に出た。すると玄関の屋根に怪物がおり、テイラーの髪の毛に触った。

　その後も怪物は繰り返し姿を見せる。銃撃を受けて一旦消えては現れるという状況が続いたため、午後11時頃、限界に達した住民たちは、2台の車に全員が分乗してホプキンスヴィル警察に駆け込んだ。

　一行の訴えを聴いて10名ほどの警官が現場に急行したが、そのときには現場には何もいなかった。しかし、午前2時15分に警官が現場を離れると、奇怪な生物は再び現れ、この出没は5時15分頃まで続いた。

怪物との銃撃戦

19:00	テイラーが井戸近くで夜空を横切り、近くに着陸する何かを目撃する
20:00	農場の飼い犬が激しく吠えるが、しばらくすると家の下に隠れてしまう
21:00〜22:00	テイラーとラッキー・サットンが原因を調べると、怪物と遭遇。約6mの距離からショットガンで銃撃するが、怪物は姿を消す（出没が繰り返される）
23:00	住民は、怪物退治を諦めて、ホプキンスヴィル警察に駆け込む
24:00	10名ほどの警官隊が現場に急行し、付近を捜索するが怪物は姿を見せない
1:00	警官が帰ったあとに奇妙な怪物は、再び出没するようになり、これが約3時間続く

1958年8月21日

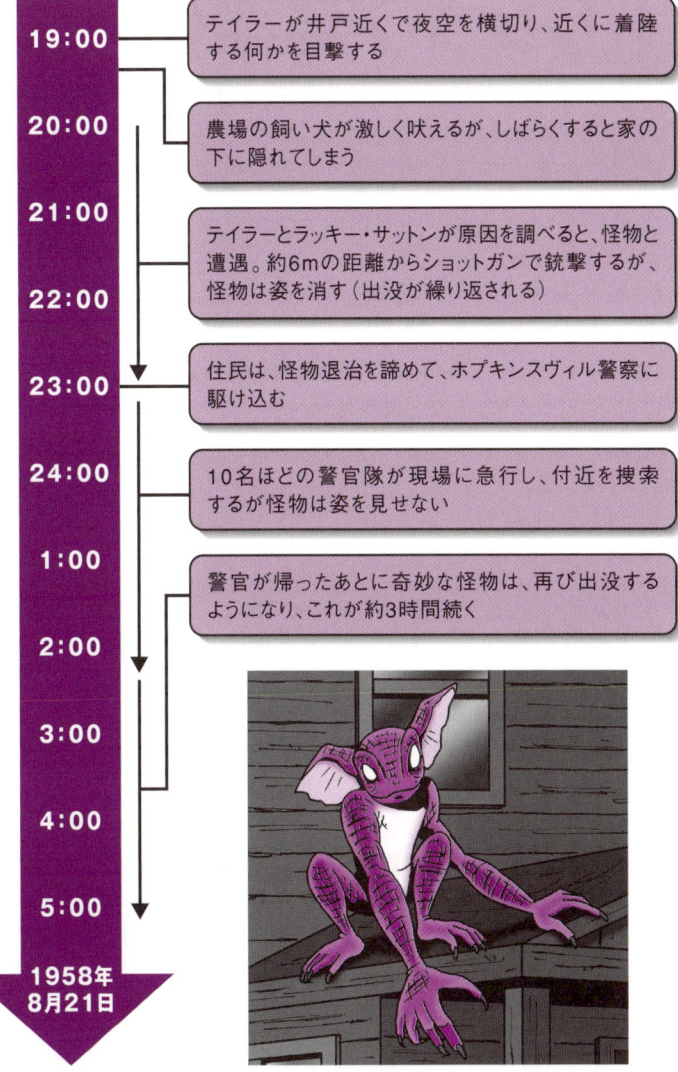

関連項目

●フラットウッズ事件→No.009

No.012 トリンダデ島事件

Trindade Is. Incident

ブラジル海軍の練習用帆船の乗員がUFOを目撃。撮影された写真は、ブラジル大統領の命で公開され、初の「国家公認UFO写真」となった。

●世界初の政府公認UFO写真

　ブラジル海軍に所属する練習用帆船アルミランテ・サルダーニャ号は、1957年7月にはじまった国際地球観測年の測量船として使用されていた。

　1958年1月16日、この帆船はリオデジャネイロ北東1200km沖にあるブラジル領トリンダデ島に錨を降ろしていた。トリンダデ島には、カルロス・ヴィエリラ・バセレール中佐が指揮する海洋調査基地兼気象観測所も設置されていた。また船には軍人だけでなく、民間の技術チームも乗り込んでおり、水中写真専門家のアルミロ・バラウナや、彼の友人であるホセ・テオバルド・ヴィエガス元空軍大尉、アミラル・ヴィエリラ・フィルホなどもいた。

　この日正午過ぎ、バラウナが出航の準備を整えている船内の様子を撮影していると、20mほど離れたところに立っていたフィルホが、大きなカモメのようなものを目撃しヴィエガス大尉に教えた。それを見た大尉はすぐに「空飛ぶ円盤だ」と叫んだ。

　その声にバラウナは急いで駆けつけ、20秒ほどの間にUFOが接近し、デセガド山の向こうに隠れ、再度姿を現して飛び去っていく様子を6枚の写真に収めた。甲板にいた乗員の多くもこのUFOを目撃していたという。

　当時船内にいたバセレール中佐は、すぐに現像するようバラウナに命じ、バラウナは暗室に改造した化粧室でフィルムを現像した。すると4枚に、土星のような形のUFOがはっきりと写っていた。

　この写真は当時のジュスセリーノ・クビチェック・デ・オリヴェイラ大統領の命令で公開されたため、世界初の国家公認UFOといわれている。

　バラウナが実際は何を写したのか議論はあるが、その後の数多くのUFO研究団体の調査でも、トリックが確認されていない写真でもある。

トリンダデ島

ブラジル
ペルー
ボリビア
チリ
パラグアイ
アルゼンチン
リオデジャネイロ
サンパウロ
トリンダデ島
約1200km

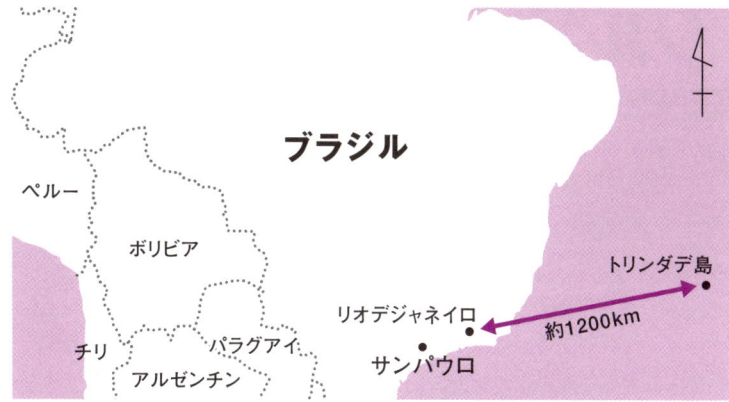

国家公認UFO写真に関係した5人

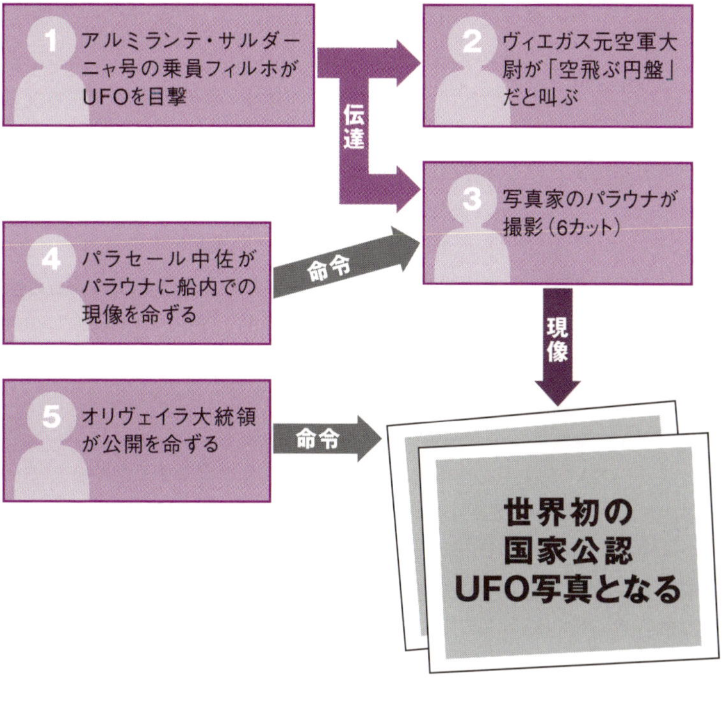
1 アルミランテ・サルダーニャ号の乗員フィルホがUFOを目撃
伝達
2 ヴィエガス元空軍大尉が「空飛ぶ円盤」だと叫ぶ
3 写真家のパラウナが撮影（6カット）
4 パラセール中佐がパラウナに船内での現像を命ずる
命令
現像
5 オリヴェイラ大統領が公開を命ずる
命令
世界初の国家公認UFO写真となる

No.013
ジル神父事件
Gill Sighting

パプアニューギニアでUFO搭乗員らしき人影が姿を見せたという事件。乗員は地上の人間が手を振るのに対し、同じような動作で応えた。

●手を振って応えた搭乗員

1959年当時、パプアニューギニアはオーストラリアの信託統治領となっており、ボアイナイにはウィリアム・ブース・ジル神父を本部長とする全聖者伝道本部が置かれていた。

6月26日午後6時45分、夕食を終えたジル神父は、金星を見ようと宣教師小屋から外に出た。すると金星の上に、明るい光を放つ物体を見つけた。

物体は、底部の幅の広い円柱の上に、より幅の狭い円柱が重なった形をしており、側面には窓のようなものが4つあった。底部からは、4本の棒状のものが脚のように突き出ていた。また物体は、時折上方45度の角度で、青い光線を発していた。

物体は速度を上げたり落としたり、近づいたり遠ざかったり、振り子のように揺れたりしながら飛行していた。数分後、現地人教師や医療技術者25人が集まってきて同じ物体を目撃した。ジル神父たちが見ていると、4人の人影が内部から出てきて、デッキ部分の上に現れた。この人影も光を発しているように見えた。目撃は9時30分頃まで続き、物体は少し揺れるような動きを示すと、色を変えながら急速に飛び去った。何の音も聞こえなかった。翌27日午後6時にも、同じようなUFOが再び姿を見せた。やはり4人の人間のような姿が上部に現れ、そのうち2人は屈みこんで何か作業をしているように見えた。もう1人は作業をする2人を監督しているように見え、もう1人が上部の手すりに手をかけて立っていた。

ジル神父は手を上方に伸ばして振ってみた。するとその人影が同じことをした。現地人の1人が両手を高く上げて振ると、先方の2人も同じような動作をした。現地人の1人に懐中電灯を持ってこさせて点滅させると、UFOはそれを確認したように揺れた。目撃は7時45分頃まで続いた。

太平洋の島国でのUFO事件

2日に渡るUFOとの接触

1959年 6月26日

6時45分
〜9時30分

ジル神父が金星を見ようとして光を放つ物体を発見。近くの住人25人とともにUFOと4人の搭乗員を目撃する

1959年 6月27日

6時
〜7時45分

前日と同様にUFOと4人の搭乗員を目撃し、手を振るなど搭乗員との接触に成功する

関連項目
●接近遭遇→No.041

No.014 ヒル夫妻事件

Hill Abduction

アブダクションとしては最初に公表された事件。ベティ・ヒル夫人の退行催眠から得られた証言は、その後のUFO事件に大きな影響を残した。

●失われた時間

1961年9月19日深夜、バーニー・ヒルと夫人のベティ・ヒルは、休暇先のカナダから、ニューハンプシャー州ポーツマスの自宅へと車を走らせていた。

ニューハンプシャー州のグローブトンに入った頃、夫妻は南西の空に、星のように光る物体を見つけた。夫のバーニーは最初、それを飛行機だと考えたが、物体はまるで2人の車を追いかけるように向きを変えた。

2人は、物体を観測するためホワイト・マウンテンのインディアンヘッド付近で車を停めると、物体が前方上空で停止。物体には一列の窓があり、青白い光が漏れていた。またその両端には、赤い光が輝いていたという。

バーニーが車から出て、双眼鏡で物体を観測すると、物体が次第に降下しはじめた。しかもその窓には5人から11の人影が見え、その1人がじっとバーニーの方を見つめていた。バーニーはパニックになって車を発進させ。2人は午前5時過ぎに自宅に着いた。

そのうち夫妻は、悪夢に悩まされるようになり、特に夫人のベティは異星人にさらわれて検査を受ける夢を何度も見た。思い悩んだ夫妻は、催眠術の権威であるボストンの精神科医ベンジャミン・サイモン博士を訪れ、催眠治療を受ける。するとベティは、UFOに連れ込まれ、身体検査された体験を催眠下で語った。

夫妻を誘拐したのは、身長1.5mくらい、顔の構成は人間とほぼ同じだが、目はつり上がり、鼻はほとんど穴だけで、唇のない生物であった。

ヒル夫妻の事件が公表されて以来、**アブダクション**と呼ばれる事件が頻発するようになった。

アブダクションとヒル夫妻事件

1957年　ヴィリャス＝ボアス事件

↓ 4年

1961年　ヒル夫妻事件

ヒル夫妻

① ニューハンプシャー州のグローブトンで光る物体を発見。車から降りて双眼鏡で観測する

② 光る物体は夫妻に気がつき、降下して追いかけてくる。夫のバーニーが車を発進させてその場から逃げ、自宅に戻る

③ 遭遇事件後、夫人のベティが催眠化で、UFOに連れ込まれ身体検査されたことを語る

公表

ヒル夫妻事件を契機にアブダクション事件が頻発するようになる

関連項目
- ヴィリャス＝ボアス事件→No.010
- アブダクション→No.054

No.015
ウンモ星人事件
Ummo Affair

ウンモ星人たちは1950年に地球に飛来、1960年代初頭よりスペインを中心とする世界各地の人間に手紙を送り続けているという。

●手紙によるコンタクト

ウンモ星は、地球から見て乙女座の方向に約14.4光年離れた恒星イウンマの惑星である。イウンマは地球の天文学ではウォルフ424と呼ばれる。

1949年に地球からの電波信号をキャッチしたウンモ星人は、1950年3月28日、3機の宇宙船でフランスに到着、その後世界に散らばっていった。彼らは、なぜか地球人の前に名乗りをあげることなく、彼らが一方的に選んだ地球人とコンタクトする手段として手紙を選んだ。ウンモ星人から最初に手紙を受け取った地球人は、スペインのオカルト研究家フェルナンド・セスマで、1960年代初頭のこととされる。以来、ウンモ星人はスペインを中心に、世界各地の人間に手紙を送り続けている。

1967年5月30日、セスマは、1967年6月1日にウンモ星人の宇宙船が地球に着陸する、との手紙を受け取った。彼は、予告通り飛来したウンモ星人の宇宙船の撮影に成功、その機体には漢字の「王」の字に似た模様が描かれていた。しかし、この写真はその後の調査で、糸で吊るした模型を写したものと判明している。

このことから、ウンモ星人事件全体が大規模な捏造行為だとするのが大勢であるが、事件発生から40年以上経った現在に至るまで、世界各地の様々な人物がウンモ星人からの手紙を受け取り続けており、事件の全容は今に至るも解明されていない。

1993年には、スペインのホセ・ルイス・ホルダン・ペーニャが、事件は自分の捏造であると述べたことがある。ペーニャ自身はその後これを撤回し、北アメリカのある組織のために自白されられたとしている。一方、ウンモ星人の手紙に記された各種テクノロジーは、地球のレベルを越えたものであり、ペーニャの能力では作成不可能であるとの主張もある。

乙女座とウォルフ424

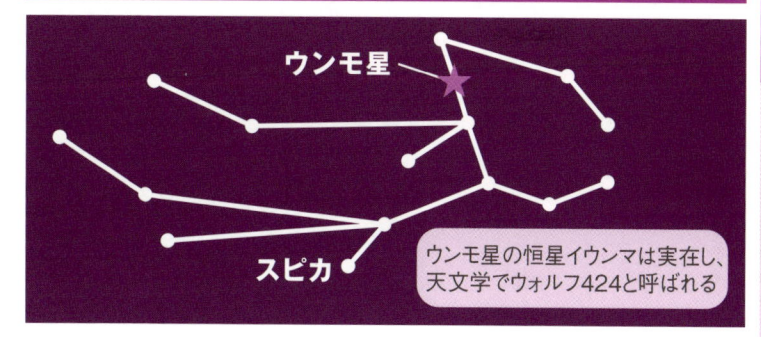

ウンモ星

スピカ

ウンモ星の恒星イウンマは実在し、天文学でウォルフ424と呼ばれる

ウンモ星人は世界中に手紙を送る

ウンモ星

スペイン

ウンモ星人は世界中の人々に手紙を送るが、その多くはスペインに集中している

関連項目
●ボロネジ事件→No.030

No.016
ソコロ事件
Socorro Landing

1964年、アメリカのニューメキシコ州で、UFOと搭乗員らしき人影が目撃された。目撃者が警官のため、信憑性の高い事件と考えられている。

●警官が見た謎の物体

1964年4月24日午後5時45分頃、ニューメキシコ州の警官ザモラ巡査は、ソコロ付近で交通違反の自動車を追跡していた。

追跡の最中、ザモラ巡査は1km少々離れていると思われる場所の丘の上に、オレンジがかった薄青い炎を目撃、同時に轟音を聞いた。

ザモラは、その辺りにダイナマイトを置く小屋があることを知っていたため、ダイナマイトの爆発ではないかと疑って違反車の追跡を中止、調査のためパトカーの向きを変えた。ところが丘を越えたザモラは、240mほど離れた小さな峡谷に、非常に奇妙な物体を発見した。

ザモラにはその物体が、自動車が逆さまに引っくり返っているように見え、物体の近くには真っ白なつなぎの服を着た小柄な大人か、大柄な子供くらいの大きさの人物が2人見えた。ザモラは、交通事故ではないかと考えて物体に近づいた。

近づいてみると、物体はむしろ卵形をしているのがわかった。色はアルミニウムのような白、大きさは3.6mから4.5mくらいで、出入り口や窓のようなものは見当たらず、短い脚で支えられていた。物体には赤いマークも見えた。パトカーを降りたザモラが、物体から30mくらいまで近づくと、物体は青みがかったオレンジ色の炎を吹き出して飛び去っていった。

物体が飛び去った後、連絡を受けたサム・チェイベス巡査部長も現場に到着し、状況を調査したところ、地面には4つのへこみがひし形に並んでおり、地面には焼け焦げた跡があった。

最近では、ザモラが見たものは実は不時着した熱気球であり、途中で形状が変化しているのは、最初へこんでいた熱気球がふくらんだためだという説も唱えられている。

ザモラ巡査の思考と結果

| オレンジがかった薄青い炎と轟音 | → | ダイナマイトの誤爆？ |
| 自動車を逆さまにひっくりかえしたような物体と人物 | → | 交通事故？ |

↓ 近づくと

卵形をした奇妙な物体がオレンジ色の光を出して飛び去る

ひし形に並ぶ4つのへこみ

大地に残された4つのへこみは・・・

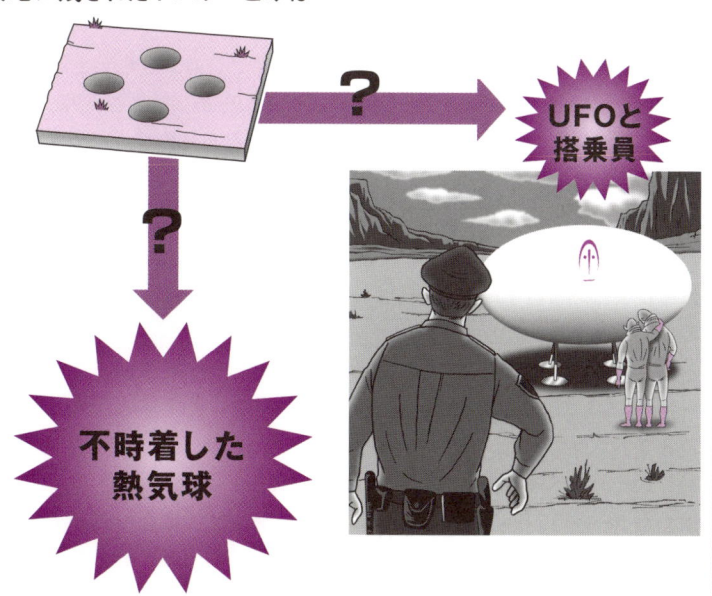

? → **UFOと搭乗員**

? → **不時着した熱気球**

No.016 第1章●UFO事件

No.017
ケックスバーグ事件
Kecksberg Incident

ペンシルヴェニア州ケックスバーグにUFOが墜落したとされる事件。
目撃者が複数おり、墜落現場が軍により立ち入り禁止とされた。

●第2のロズウェル事件

　ケックスバーグ事件は、未だに謎の残るUFO事件である。

　1965年12月9日の午後4時47分頃、カナダからアメリカのミシガン州、オハイオ州などの広い範囲で、上空を横切る火の玉のような物体が目撃された。物体はオハイオ州北端上空でわずかに向きを変えてペンシルヴェニア州に向かい、最終的にピッツバーグ南東にあるケックスバーグ近くに落下した。この間、物体から分離したと思われる破片がオハイオ州エリリヤの森に落ち、火災を発生させている。

　ケックスバーグ郊外の森の中に、謎の物体が落下する光景は何人かに目撃されたが、森に通じる道路は州警察によって封鎖されてしまう。ケックスバーグ近郊のグリーンスバーグにあるラジオ放送局のディレクター、ジョン・マーフィは事件発生直後、何人もの派遣された軍人が警察署にいるのを目撃しており、ダッシア大尉と名乗る軍人から、森では何も見つからなかったと聞かされている。しかし、現場の捜索に加わった消防団員の1人は、森の中にどんぐりのような形をした、直径3mから4mくらいの物体を目撃したという。この消防団員は「物体には翼やエンジンのようなものはなかったが、その底部にはベルトが巻かれており、古代エジプトのヒエログリフに似たような文字が書かれていた」と証言している。

　1965年12月9日、各地で目撃された火の玉は、天文学的には火球であると発表されてきた。しかし、同じ日の午前3時頃には、旧ソ連の人工衛星コスモス96が大気圏に突入しており、NASAは事件発生後40年近く経過した2005年12月になって、現場からはソ連製人工衛星の部品が回収されたと発表している。また住民の中には、UFOの墜落に類するような事件はいっさい起きていないと主張する者もいる。

ペンシルヴァニア州にUFOが墜落

カナダから飛来した飛行物体は、ミシガン州、オハイオ州を通ってペンシルヴァニア州のケックスバーグに墜落した

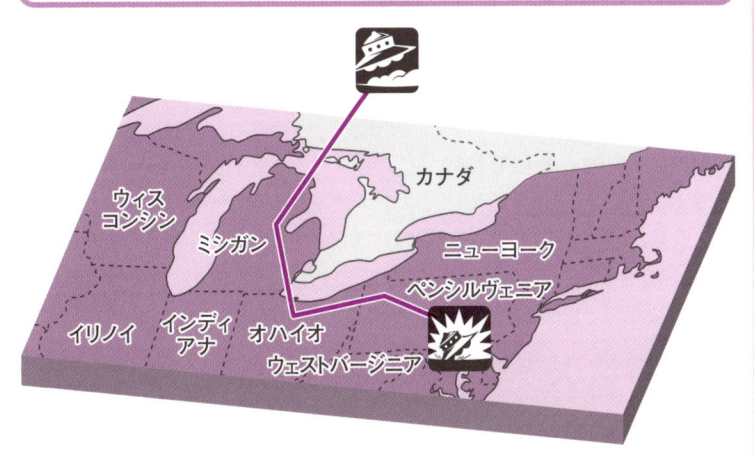

森で見つかったもの

州警察が封鎖した森で発見された物体には、古代エジプトのヒエログリフに似たような文字が書かれていたという

No.017 第1章●UFO事件

関連項目
●誤認説→No.097

No.018
モスマン事件
Mothman

モスマンとは、1966年から1967年にかけて、アメリカのウエストヴァージニア州ポイント・プレザント付近で目撃された謎の存在。

●UFO、怪物、そして予言

1966年から67年にかけて、ウエストヴァージニア州ポイント・プレザントでは、UFO目撃事件や**MIB**らしき謎の人物の訪問が多発した。その同じ時期、同じ地域で、コウモリのような翼と、赤く輝く目を持つ怪物のようなものが、しばしば目撃された。この怪物はモスマンと名づけられた。

各種証言をまとめると、モスマンは身長1.8mくらい。コウモリのような翼は、広げると約3mにもなり、体色は灰色で肩幅が広く、下半身にいくに従って細くなる。大きな、赤く輝く2つの目を持つが、頭部らしきものは確認されていない。羽ばたかずに飛行することができ、時には自動車をも上回るスピードが出せるという。

1967年11月17日には、乗用車でドライブ中の4人がモスマンを目撃して逃げ出した。このときモスマンは、ロケットのような猛スピードで上昇、時速160kmで飛ばす自動車に追いすがった。同じ年の11月25日には靴屋の店主トニー・ユーリーがポイント・プレザントの北で、道路から数百メートル離れた林から上昇するモスマンを発見。モスマンは彼の車を1.6kmほど追跡してきてそこで向きを変えたという。また11月26日夜には、ルス・フォスター夫人が自宅のドアの窓から大きな赤い目が覗き込んでいるのに気づく。夫人はこの時のモスマンは翼をたたんでいたと後に話している。

モスマンとUFOとの直接の関連を裏づける証拠はないが、当時同じ地域でUFO目撃が多発したことから、モスマンもUFOと関係づけられることが多い。他方、UFOについて超地球人説と呼ぶべき独自の見解を持ち、他の怪異現象との関連を指摘する**ジョン・キール**などは、モスマンを含む一連の奇怪な事件と、1967年12月16日のシルバー・ブリッジ崩壊事件との秘められた関係を暗示している。

モスマンの特徴

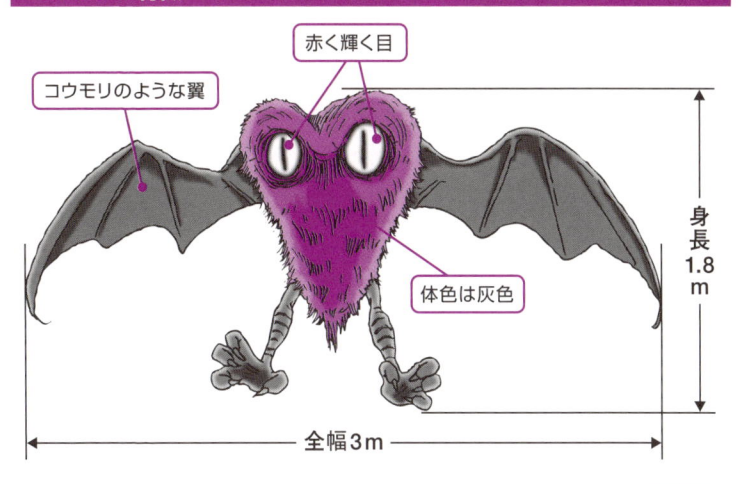

- 赤く輝く目
- コウモリのような翼
- 体色は灰色
- 身長1.8m
- 全幅3m

1967年のモスマン目撃談

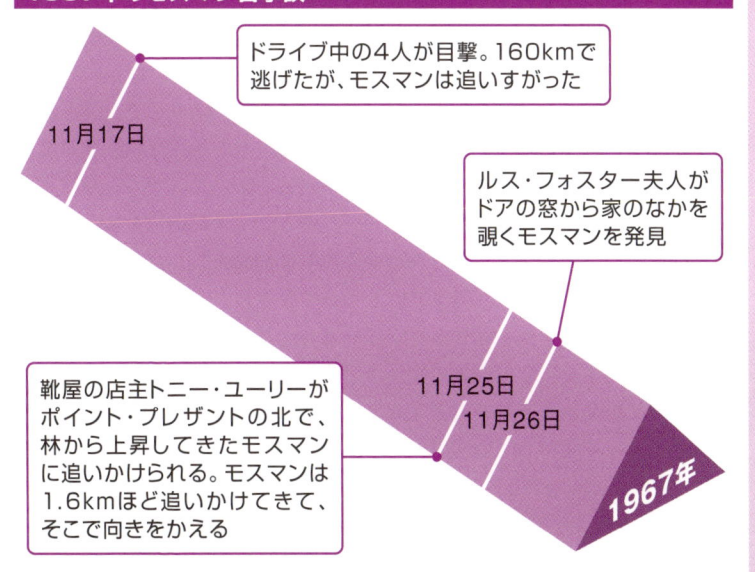

11月17日
ドライブ中の4人が目撃。160kmで逃げたが、モスマンは追いすがった

11月25日
11月26日
ルス・フォスター夫人がドアの窓から家のなかを覗くモスマンを発見

靴屋の店主トニー・ユーリーがポイント・プレザントの北で、林から上昇してきたモスマンに追いかけられる。モスマンは1.6kmほど追いかけてきて、そこで向きをかえる

1967年

関連項目

- MIB→No.059
- ジョン・キール→No.075

No.019
介良(けら)事件
Kera Incident

1972年、高知市介良の中学生が田の近くを飛ぶ小型のUFOを何度も捕獲した。しかし、UFOはそのたびに不思議な形で消失した。

●小型UFOを捕らえた中学生たち

　1972年9月、高知市介良では、田畑の上空に何か光るものが飛んでいるのを何人もの住人が目撃した。そうしたUFO騒ぎの最中、ある中学生が道端に落ちている奇妙な物体を最初に見つけたのは、9月20日のことだった。

　物体は金属製で、高さ約10cm、ソンブレロのような形をしており、つばの部分の直径は18.5cmの大きさだった。発見した中学生は怖くなって、その場にあったコンクリート・ブロックを物体に投げつけて逃げたが、翌朝現場に戻ってみると、そのままになっていたので、家に持ち帰って友人たちを呼んだ。

　間近でよく見ると、物体の色は銀色で表面は鋳物のようにざらざらしていた。重さを計ると1.3kgで、裏側は帽子の縁にあたる部分の裏側に細かい溝が幾重にも刻まれ、その内側にいくつか穴があった。ナットやボルトのような部品はなく、穴の中を虫眼鏡で覗くとラジオの内部のように見えた。ドライバーや金テコでこじあけようとしても動かず、金槌で思い切り叩いても傷1つつかない。物体を揺さぶってみるとシューシューという音がし、穴の中に水を流し込むと、ジイーと音がした。

　しかし中学生たちが、得体の知れない物体に少し飽きてしまい、放置していると、物体からカニの這うような音がしはじめ、次に物体が青白く光りはじめた。中学生たちは見張りを残して、他の友人を呼びに走ったが、物体は見張りの少年が目を放した隙に消えてしまった。このとき、物体はすぐに、最初の中学生の家の近くの溝で見つかった。彼はこれをナップザックに入れたが、中からかすかな音がしたと思うと、もう物体は消えていた。

　その後も中学生たちは何回か同じ物体をつかまえたが、物体は常に消えてしまった。5回目に消えた後は、二度と姿を現さなかった。

小型UFOの外見と特徴

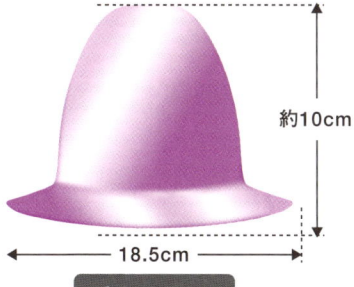

約10cm
18.5cm
重さ1.3kg

特　徴

- 外見はソンブレロのような形
- 色は銀色で表面はざらざらしている
- 帽子の縁の裏側には幾重にも刻まれた溝がある
- 内側にはいくつかの穴がある
- ナットなどの部品はない

中学生の行動とUFOの反応

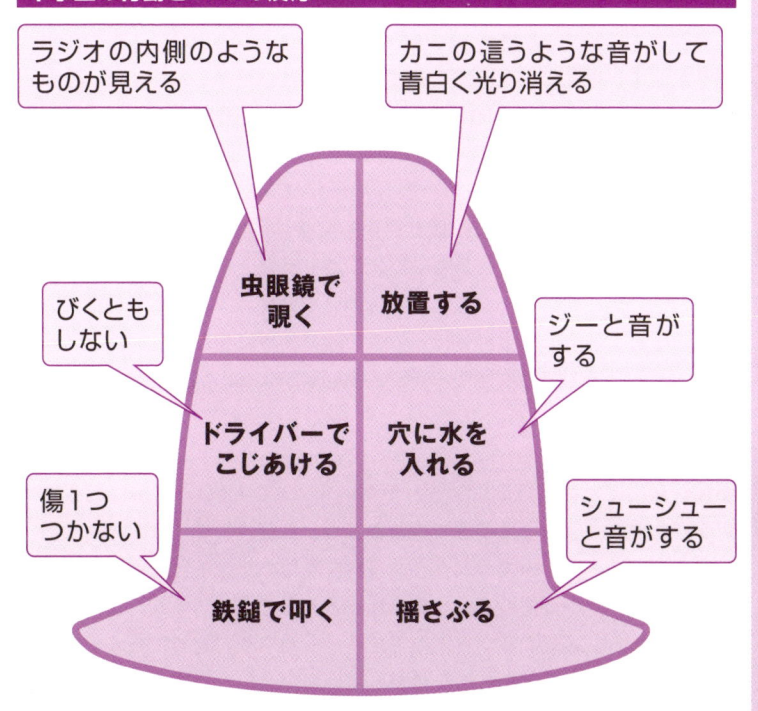

行動	反応
虫眼鏡で覗く	ラジオの内側のようなものが見える
放置する	カニの這うような音がして青白く光り消える
ドライバーでこじあける	びくともしない
穴に水を入れる	ジーと音がする
鉄鎚で叩く	傷1つつかない
揺さぶる	シューシューと音がする

関連項目
- 甲府事件→No.023

No.020
パスカグーラ事件
Pascagoula Abduction

アメリカのミシシッピー州パスカグーラで、夜釣りをしていた造船作業員2人が同時にUFOにさらわれた。古典的なアブダクション事件。

●2人同時のアブダクション

　事件が起きたのは1973年10月11日の夜7時頃のことであった。

　ミシシッピー州パスカグーラの造船作業員チャールズ・ヒクソンとキャルビン・パーカーの2人は、その時、パスカグーラ川で夜釣りをしていた。

　釣りをする2人の背後から、うなるような機械の音が聞こえたので振り返ると、すぐ近くに、青っぽく光る楕円形の物体が浮かんでいた。その物体の大きさは高さ2.4m、幅3mほどで、見ているとその表面が開き、中から3体の人のような形のものが出てきた。

　彼らは、身長が1.5mくらい、服らしきものは着ておらず、全身灰色の皺のよった皮膚をしていた。頭は肩から直接伸びているようで首はなく、耳と鼻の位置には小さな円錐形の突起があり、目と口は細長い切り口のようだった。足には何か丸いものがくっついていて、すべるように近づいてきた。そして彼らの両手の先は、カニの鋏のように分かれていた。

　パーカーはその場で気を失ったが、2人はこの3体の搭乗員にUFO内部に運び込まれた。UFO内部で2人は別々にされ、ヒクソンによれば、何も支柱がない状態で空中に支えられ、25cmほどの大きな目のような物体が彼を観察した後、川岸に戻されたという。またUFOの内部は明るかったが、照明らしきものは確認できなかった、と証言している。

　ヒクソンは、事件の後ポリグラフ（嘘発見器のテスト）を受け、これをパスしたが、その後彼の証言は整合性がとれなくなっている。また、埠頭の近くにある交通量の多い道路のドライバーたちや、近くにある橋の係員はその時間、何も異常なものを目撃していないという証言もある。

人のような形のもの

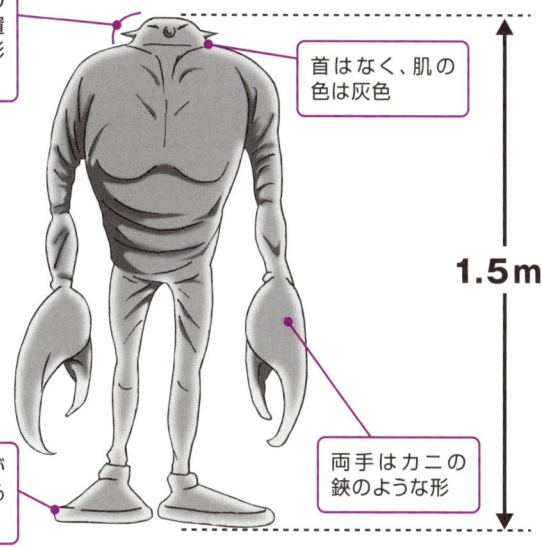

- 目と口は細長い切り口のようなもので、耳と鼻の位置には小さな円錐形の突起がある
- 首はなく、肌の色は灰色
- 1.5m
- 両手はカニの鋏のような形
- 足には丸いものがついていて、すべるように動く

ヒクソンが語ったUFO内部

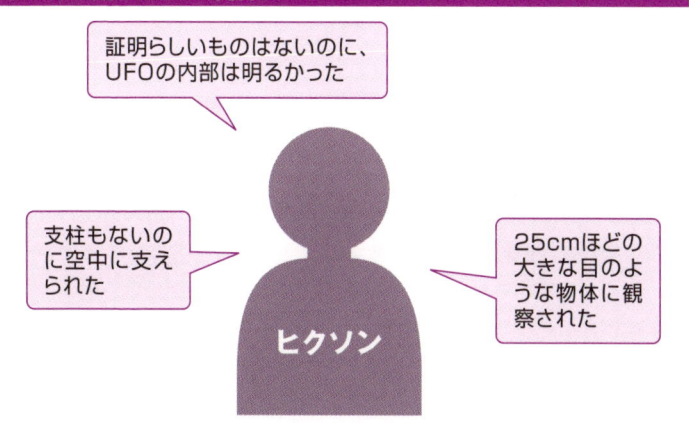

- 証明らしいものはないのに、UFOの内部は明るかった
- 支柱もないのに空中に支えられた
- 25cmほどの大きな目のような物体に観察された

ヒクソン

関連項目

●アブダクション→No.054

No.021
ラエル事件
The Raelian Movement

クロード・ボリロンことラエルは、アダムスキー同様、自らのコンタクト・ストーリーを公開し、周囲に多くの信奉者を集めている。

●コンタクティーから教祖へ

　クロード・ボリロンは、1946年9月30日、フランスのアンベールで、カトリックの母の私生児として生まれた。父親はユダヤ人避難民だったらしい。「カーレーサーを職業としていたこともあったが、資金稼ぎのために、シンガーソングライターやスポーツカー専門の雑誌編集などをしたこともあった」と自ら述べている。

　そんな彼に転機が訪れたのは、1973年12月13日のことである。その日、なんとなくドライブしたくなったボリロンは、リヨン郊外にあるクレルモン・フェランにあるオーベルニュ火山まで出かけた。そこで、火口の中に着陸していたUFOを目撃してしまうのである。UFOは直径7m程度、底部は平たく、上部は円錐形をしていた。UFOは彼の目の前で、地上2mの位置に静止すると、底部が開き、梯子のようなものが降りてきた。そして中からは、身長1.2m程度ではあるが、人間と同じような姿形の搭乗員が現れた。ボリロンは、それから6日間にわたってこの搭乗員らと会合を続け、人類創成の秘密や彼らの住む星のことなどを詳しく聞いた。この異星人たちは、自らをエロヒムと呼ぶようにいい、人類を含む地球の生物すべては、2万5000年前、自分たちが地球を訪れた際に作り出した人造生物だと明かした。そして『旧約聖書』は、そのことを詳しく記したものだという。また、イエスや仏陀などの預言者は、いずれも人類を正しい方向に導くためにエロヒムが送った使者であり、ボリロンもその1人に選ばれたのだとつけ加えた。こうしてボリロンはラエルという名を与えられ、世界中にエロヒムの思想を広めるためラエリアン・ムーヴメントという団体を組織した。このラエリアン・ムーヴメントは現在、日本を含め世界20カ国に支部を持ち数万人の信者を集めている。

ボリロンからラエルへ

- 9月30日フランスのアンベールでカトリックの母の私生児として生まれる

1946年 **ボリロン**

27歳
1973年 **ラエル**

エロヒムとのコンタクト！

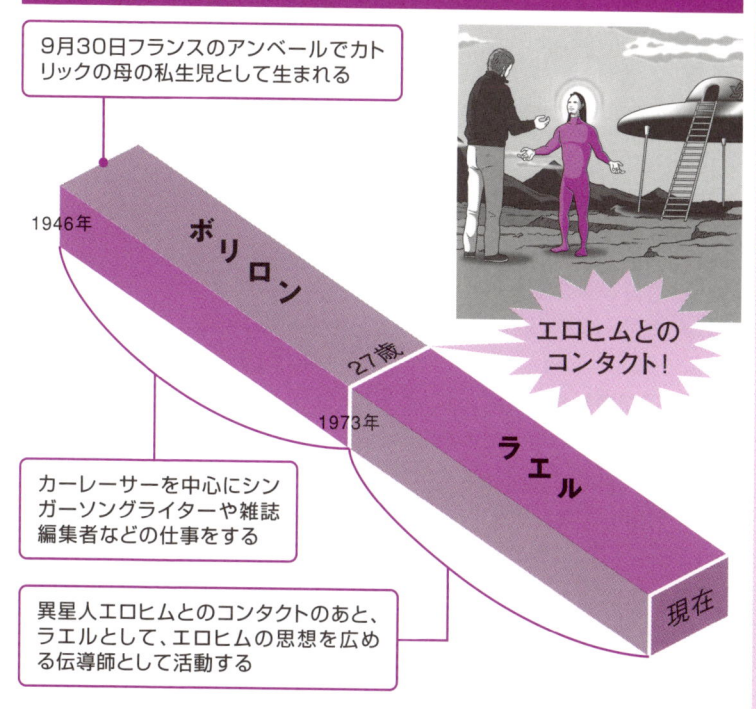

- カーレーサーを中心にシンガーソングライターや雑誌編集者などの仕事をする
- 異星人エロヒムとのコンタクトのあと、ラエルとして、エロヒムの思想を広める伝導師として活動する

現在

エロヒムの事績とラエルへの指令

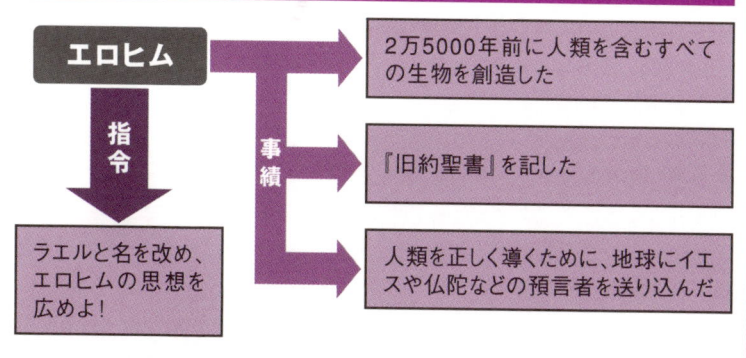

エロヒム

事績:
- 2万5000年前に人類を含むすべての生物を創造した
- 『旧約聖書』を記した
- 人類を正しく導くために、地球にイエスや仏陀などの預言者を送り込んだ

指令:
- ラエルと名を改め、エロヒムの思想を広めよ！

関連項目

●コンタクティー→No.042

No.021 第1章●UFO事件

No.022
マイヤー事件
Meier Contacts

1975年以降、エドワルド・ビリー・マイヤーは、プレアデス星団から来た異星人とコンタクトを続けているという。

●片腕のコンタクティー

　スイスのエドワルド・ビリー・マイヤーも世界的に有名な**コンタクティー**の1人で、多くのUFO写真を残している。本人によれば、1944年にスファートという**UFO搭乗員**とコンタクトし、UFOに同乗したこともあるという。また、8歳まで頭の中で何者かの声を聞く経験をしたというが、コンタクティーとして知られるようになったのは1975年以降のことである。

　マイヤーは12歳で学校を飛び出し、カーレーサーをしたり、フランス外人部隊に入隊した後、インドのアシュラムで過ごしたこともあるという。この頃、再び頭の中でダルの宇宙から来たという女性の声が響くようになり、UFOを目撃しはじめたことから、スイスに帰国したという。

　彼がプレアデス星団のタイゲタ星系にある惑星エラから来たというセムジャーゼと名乗る女性と最初にコンタクトしたのは、1975年1月28日とされている。以後セムジャーゼばかりでなく、プタハ、アスカットなどという異星人とのコンタクトを繰り返し、3000ページ以上の膨大な記録やUFO写真、さらには8ミリ・フィルムなどを残している。

　交通事故（1965年）で左腕を失ったマイヤーが、このようなトリック写真を撮るのは難しいとの主張もあった。しかし、多くのUFO研究家たちがそうした写真やフィルムを調査した結果、マイヤーが写したUFOは、いずれも小さな模型を糸に吊るしたものであると判断されており、プレアデス星団それ自体も、天体としては、高等生物が誕生するには若すぎるというのが通説である。

　とはいえ、マイヤーの周辺にはカルト集団ともいえる熱烈な支持者たちが集まり、彼らは生活上のあらゆる決定をマイヤーの指示に従っているという。

マイヤーがコンタクトした搭乗員

① セムジャーゼ
惑星エラから来た、宇宙飛行服のようなものを着た女性

② スファート
テレパシーでコンタクト。90～95歳に見える年老いた男性

③ アスカット
テレパシーでコンタクト。シーという星からきた女性

④ プタハ
セムジャーゼの父。70～75歳にみえる男

⑤ サクラーズあるいはアミナ
頭は虫類、大きな丸い目、魚とアヒルのような口を持つシグナス星人

⑥ アレーナ
ベガ星人

⑦ メエナラ
リラの近くにある惑星からきた異星人

⑧ ダル星人
北欧系地球人に似たハンサムな男性

⑨ ケツアル
セムジャーゼが負傷したときにコンタクトした女性

中央：**マイヤー**

マイヤー事件の真偽

真 交通事故で左腕を失っているマイヤーにトリック写真などを撮るのは難しい

偽 研究家が調査した結果、UFO写真は小さな模型を糸で吊るしたもの

偽 プレアデス星団は高等生物が誕生するには若すぎる

関連項目

●コンタクティー→No.042

No.023
甲府事件
Kofu Incident

1975年2月、山梨県甲府市の小学生2人が目撃したUFOには奇妙な文字のようなものが書かれ、牙の生えた人間のような存在も現れた。

●牙の生えた搭乗員?

　事件が起きたのは、1975年2月23日午後6時過ぎであった。山梨県甲府市上町の団地でローラースケートをして遊んでいた小学生2人が、東にある達沢山(たつざわやま)方向に、オレンジ色に輝く大小2つの光体を見つけた。

　光体の1つが少年たちの上空に近づいてきたので見上げると、底に着陸装置のようなものが3つ見え、その底部中央から円筒形の物体が機械音を立てて出てきた。それが鉄砲のような武器かもしれないと恐れた2人は近くの墓地に逃げ込んだ。墓石の陰から伺っていると、光体は数分間上空を旋回した後ゆっくりと移動をはじめ、約200m北のブドウ畑上空辺りまで飛ぶと姿を消した。

　辺りは真っ暗になっていたので、2人は家路を急いだ。しかしその途中、ブドウ畑の辺りでオレンジ色に輝く物体が停まっているのを見つけた。2人が近づくと、輝きが弱まり、銀色のUFOの姿が確認できた。大きさは乗用車くらいで、直径は約2.5m、高さは1.5mくらいだった。底にある3個の着陸ギアが地面に接しており、側面には青くて四角い窓があった。さらにその壁面に、奇妙な文字らしきものが5つ、シールを貼ったように浮き出ていた。1人が円盤の周りを右回りに回ると、反対側にも文字があったという。もう1人が正面から見ていると、突然ガチャガチャとカギを開けるような音が聞こえ、文字の右横が長方形に開いて手前に倒れた。壁の裏側は、ちょうど飛行機のタラップのような階段状になっていて、中から搭乗員らしきものが出てきた。

　その顔は茶色、目がなくて小指くらいの太さの波型が顔の左右に何本も走っていた。口には銀色の牙が3本生えていて耳はウサギのように大きく、真ん中に穴が開いていたという。

小学生がUFOに遭遇

❶ 東の方角にオレンジ色に輝く2つの光点を見つける

❷ 飛行物体から円筒形の物体が出てきたため、怖くなって近くの墓場に逃げ込む

❸ 飛行物体は数分間上空を旋回するなどして、姿を消す

❹ 家路につく途中で、ブドウ畑にオレンジ色に輝く物体を発見。UFOだと確認する

2人の小学生の行動と発見したもの

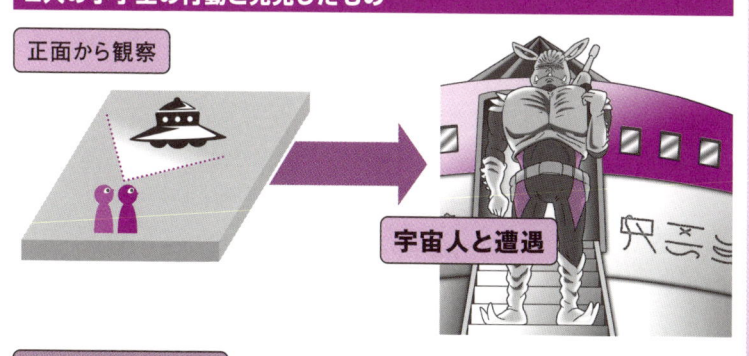

正面から観察

→ **宇宙人と遭遇**

右回りに調べていく

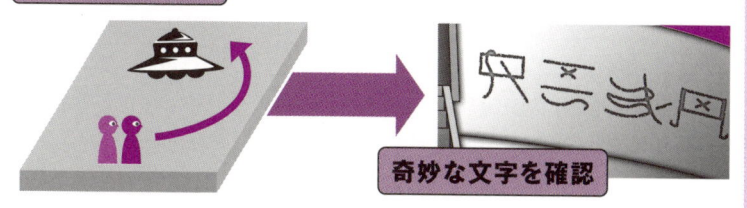

→ **奇妙な文字を確認**

関連項目
●介良事件→No.019

No.024
ウォルトン事件
Walton Abduction

1975年のトラヴィス・ウォルトン事件も、今や古典的な事件の1つ。その真贋をめぐり、2大UFO研究団体の間で見解が分かれた。

●事実か捏造か？

　トラヴィス・ウォルトンの**アブダクション**は、その発生直後から大きな論争を巻き起こし、研究家の間でも意見が分かれた事件である。

　1975年11月5日、アリゾナ州アパッチ郡シトグリーブス国有林で森林伐採の作業をしていたウォルトンは、一日の仕事を終えて仲間たちと帰途についていた。その途中、一行は上空に停止するパイ皿型の光る物体を目撃した。

　その時ウォルトンは、なぜか1人で車を降りて物体に近づいていった。すると、物体から放射された緑の光がウォルトンを包んだので、他の者は恐れをなしてそのまま逃げ出してしまった。

　数日間行方不明となっていたウォルトンから、妹の嫁ぎ先であるグラント・ネフ家に電話連絡があったのは、11月10日のことであった。

　そのときウォルトンは、アリゾナ州ヒーバーの電話ボックスにおり、発見された時は5日分の髭が伸びてやせていた。

　ウォルトンが語ったところでは、彼はUFOの中に連れ込まれ、身体検査を受けたという。

　UFOの中でウォルトンが目を覚ますと、テーブルの上に寝かされており、周りには身長1.5mくらい、大きな丸い禿げた頭と巨大な黒い目を持ち、鼻、口、耳が非常に小さな3体の生き物がいた。

　ウォルトンは胸の上に置かれた器具をはねのけて立ち上がり、部屋の外に飛び出した。UFOの中でウォルトンは、青色の衣服を身につけ、透明なヘルメットのようなものを被った、人間の男に出会ったという。ウォルトンはこの男に連れられて一旦UFOの外に出ると、別の円盤型物体の中に連れていかれたが、そこにはさらに3人の人間がいたという。

ウォルトン事件のあらまし

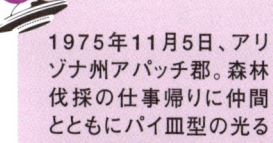

① 1975年11月5日、アリゾナ州アパッチ郡。森林伐採の仕事帰りに仲間とともにパイ皿型の光る物体を目撃する

パイ皿形の光る物体

② ウォルトンは1人で車を降りて、光る物体に近づき、物体から放射された緑の光によって連れ去られる

5日間

③ 5日後の11月10日。ウォルトンから妹に電話があり、保護される（5日分の髭が伸びてやせていた）

ウォルトン談

失踪していた5日間。ウォルトンは、UFOのなかで小さな3体の生き物により、身体検査を受けるなどして過ごした

関連項目
● アブダクション→No.054　　● ロレンゼン夫妻→No.084

No.025
テヘラン追跡事件
Tehran Jet Chase

イランの首都テヘランでUFOが目撃され、戦闘機が緊急発進した事件。戦闘機がUFOに近づくと計器が故障してしまった。

●戦闘機を翻弄する謎の光体

 テヘランのシャーロキー空軍基地に、市民から最初の報告が入ったのは1976年9月19日午前0時過ぎのことだった。報告によるとテヘラン市民たちは、ヘリコプターのライトのような謎の光点を目撃したという。

 当直の士官が念のため確認したところ、その時刻に問題の地域を飛行するヘリコプターはなかった。そこでF4ジェット戦闘機を緊急発進させ、現場を調査することになった。

 午前1時30分、F4戦闘機1機が離陸し、謎の光源に向かって飛行していった。しかし戦闘機が光源から45kmほどの距離に近づいた時、あらゆる通信機器が機能しなくなったためパイロットは帰還した。

 1時40分、最初の機が着陸したのと入れ替えに、2機目の戦闘機が離陸。この戦闘機は、50kmくらいの位置で物体をレーダーに捕捉した。レーダーの機影から判断すると、物体はB707給油機と同じくらいの大きさらしかった。パイロットが、物体から45kmくらいの位置で観測すると、長方形に並んだ4つのストロボのような光が、色が青、緑、赤、オレンジと変わっているように見えた。

 戦闘機がなお近づこうとすると物体も同じ速度で後退し、それ以上の接近を許さなかった。さらに追跡を続けると、物体から小さな何かが飛び出し戦闘機に近づいた。すると戦闘機の武器管制パネルや通信機器が動かなくなった。慌てたパイロットが旋回して遠ざかると、この物体は戻って光点に合流した。

 その後光点は乾湖に着陸し、周辺2, 3kmを照らしていたが、すぐに光は消え、UFO本体も消えた。夜が明けてから着陸地点の調査が行われたものの、何の痕跡も発見できなかった。

2機のF4戦闘機の行動

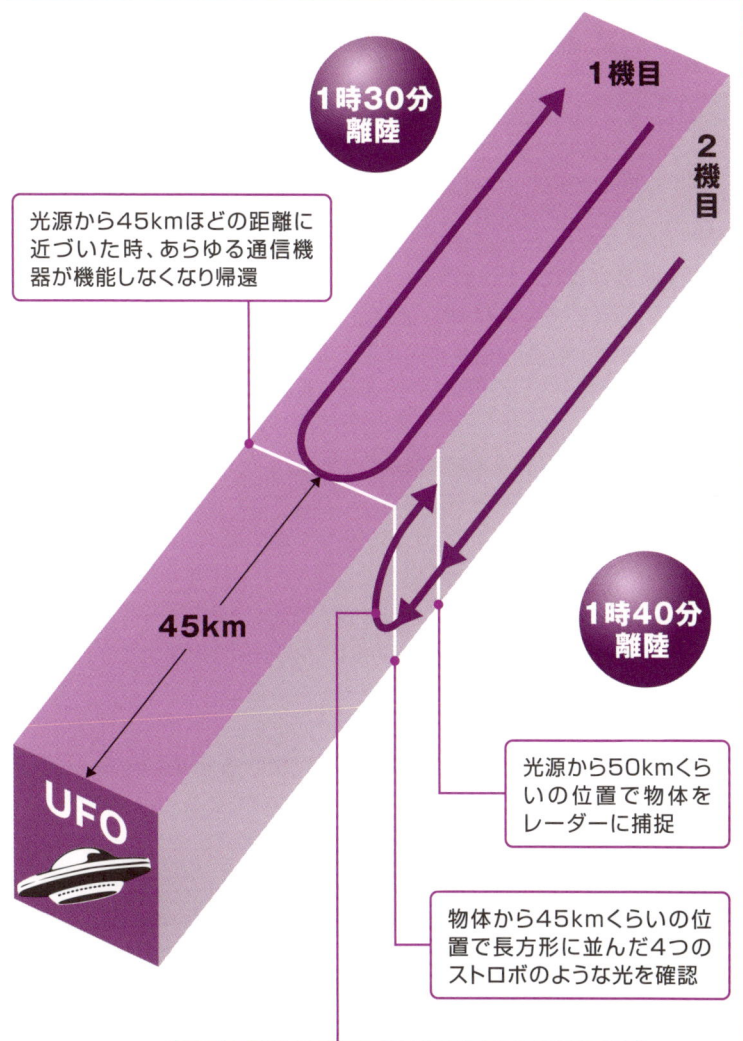

1時30分離陸

1機目

2機目

光源から45kmほどの距離に近づいた時、あらゆる通信機器が機能しなくなり帰還

45km

UFO

1時40分離陸

光源から50kmくらいの位置で物体をレーダーに捕捉

物体から45kmくらいの位置で長方形に並んだ4つのストロボのような光を確認

物体は追跡しても距離を保って離れ、さらに追跡すると、物体から何かが飛び出してきて、通信機能がマヒして、追跡を断念

No.026
レンドルシャムの森事件
Rendlesham Forest Incident

イギリスにあるアメリカ軍基地近くでUFOが着陸したとされる事件。
多くの軍人が謎の物体を目撃したが、その証言内容には混乱がある。

●兵士たちが見たUFO搭乗員

　1980年12月26日午前1時頃、イギリスのノーフォーク州にあるワットン空軍基地のレーダーが、北海方面から海岸に向けて接近してくる未確認の飛行物体を捉えた。物体はレンドルシャムの森付近でレーダーから姿を消したため、レーダーの係員は着陸したものと考えた。

　同じ頃、レンドルシャムの森に隣接するウッドブリッジ空軍基地内にあるアメリカ空軍用地域の東門に詰めていた憲兵たちが、空から森に光体が降りてくるのを目撃し、調査のためジープで森に入った。

　森の中ではすぐに車の通れる道がなくなったため、兵士たちは車を降りて徒歩で進みはじめた。途中で無線が使えなくなると、やがて基部が2〜3m、高さが2mくらいの円錐形あるいは三角形の物体を見つけた。

　物体は金属製の外観で、白い光を放って森全体を照らしており、頂には点滅する赤いライトと、その下に青い光の列が並んでいた。

　このとき、何者かがUFOを修理していたとか、基地司令官のゴードン・ウイリアムズ大佐が異星人と交渉していたとの報告もあるが、確認されていない。いずれにせよ兵隊たちが近づくと、UFOは木立の間を抜けて飛び去った。

　翌27日の夜、UFOはまたしても姿を現した。今回は基地の副司令官ホルト中佐以下4人が追跡した。

　UFOは日の出の太陽のように赤く、中心には目のような黒い部分があり、その部分が閉じたり開いたりしていた。

　物体は農地の方に向かっているようだったのでホルトたちが追いかけると、北方に楕円形の物体が2つ、さらに南の空にも別の物体が現れた。物体は基地に光線を投げかけ、基地の状況を探っているように見えたという。

レーダーと隊員が捕捉

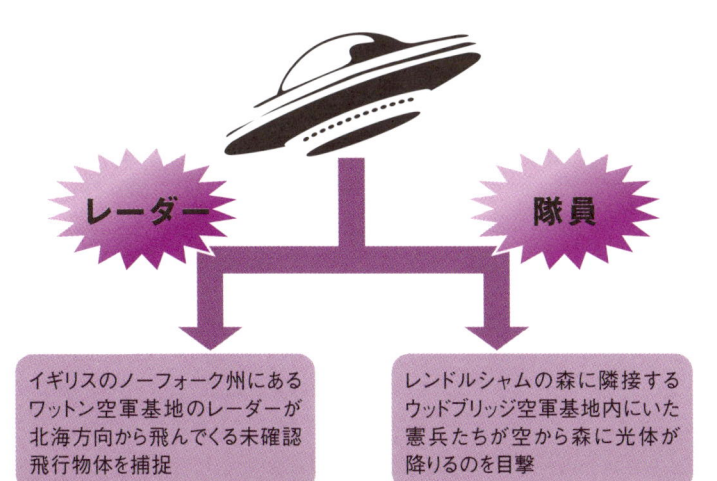

レーダー

イギリスのノーフォーク州にあるワットン空軍基地のレーダーが北海方向から飛んでくる未確認飛行物体を捕捉

隊員

レンドルシャムの森に隣接するウッドブリッジ空軍基地内にいた憲兵たちが空から森に光体が降りるのを目撃

2日間に渡る捜索

12月26日
1. 基部が2〜3m、高さが2mくらいの円錐形あるいは三角形の物体を発見
2. 物体は金属製の外観で白い光で森全体を照らし、頂には点滅する赤いライト、その下には青い光の列があった
3. 兵士たちが近づくと物体は飛び去る

12月27日
1. 日の出のように赤く、中心には目のような黒い部分がある物体を発見
2. 追跡すると、他に3つの物体が現れ、基地に光線を投げかけているのを目視する

関連項目

● J・アレン・ハイネック→No.079

No.027
マジェスティック・トゥエルブ
MJ12事件
MJ12 (Majestic12)

アメリカ政府がUFO関連の情報を隠匿しているという主張に関連して現れた秘密組織。ケネディ大統領暗殺にも関与したと噂されている。

●ケネディ暗殺にも関与した謎の組織

　MJ12事件の発端には不明な点もあるが、一般には1987年に関連文書が公開されて明らかとなった。この文書はそもそも、1984年12月11日、テレビ・プロデューサーのジェイム・シャンデラに送付された35ミリ・フィルムに記録されていたという。シャンデラは、**ロズウェル事件**を調査しているウィリアム・ムーアにフィルムを渡して現像してもらったところ、1952年11月18日の日付と1947年9月24日の日付の2つの文書が現れた。1947年の文書には、ハリー・トルーマン大統領の署名があり、核科学者のヴァネヴァー・ブッシュ博士と協議の上で大統領にのみ直接責任を持つ適格者の委員会を設置する権限をフォレスタル国防長官に与え、これをMJ12と名づけるという内容が記されており、1952年の文書には1947年に墜落したUFOと4人の搭乗員の死体が回収されたとの内容も記されていた。

　シャンデラとムーア、そしてムーアとともにロズウェル事件を調査していたスタントン・フリードマンの3人は、1987年にこの文書を公開し、アメリカ政府がUFO情報を隠匿しているという**陰謀説**の動かぬ証拠とした。

　また、MJ12については、空軍調査部にいたリチャード・ドーティも暗躍しており、ムーアと接触したり、映画監督のリンダ・ハウに関連文書を提供したりしている。ドーティによれば、MJ12はマジョリティ12のことであり、地球外生命体とのコンタクトを担当し、隠蔽工作を指示する政策決定機関だという。一方、ムーアらが公表した文書については、当時としては文書番号が大きすぎること、この大統領命令をタイプしたタイプライターは1963年以降に製造されたものであること、さらに文書にあるトルーマン大統領の署名は他の文書のものをコピーしたものと思われることから、その存在については否定説が強い。

2つの文書

1947年9月24日

● 文書の内容

トールマン大統領の署名がある国防長官に権限を与え、大統領の直轄機関として12名の委員による秘密機関を設置することを明記。名称はMJ12とする

1952年11月18日

● 文書の内容

1947年に墜落したUFOと4人の搭乗員の死体を回収した

MJ12の正体は?

トルーマン → 設置 → **MJ12**

否定説の根拠

① 大統領命令の文書番号が当時としては大きすぎる
② トルーマン大統領の署名は、他の文書からコピーしたもの
③ 使用したタイプライターが1963年以降に製造されたもの

任務

① 地球外生命体とのコンタクト
② UFO事件の隠ぺい工作

関連項目

● ロズウェル事件→No.002
● 陰謀説→No.098

No.028
ガルフブリーズ事件
Gulf Breeze Incident

1987年、アメリカのフロリダ州ガルフブリーズで発生した一連のUFO事件。エドワード・ウォルターズという人物が中心的な役割を果たした。

●事件の背後にいた男

フロリダ州ガルフブリーズでは、1987年から翌年にかけて、多数のUFO事件が報告されている。事件の発端は、建築業を営むエドワード・ウォルターズの投稿したUFO写真が、地元の新聞に掲載されたことだった。

ウォルターズ自身によれば、1987年11月11日、彼は自宅兼事務所から光るUFOを目撃したという。そこでさっそく外へ出て写真を撮ったが、UFOは彼の頭上約6mくらいに滞空し、物体の底部から青い光が放射された。この光を浴びたウォルターズは身体が麻痺してしまい、そのまま光に吸い上げられそうになった。ウォルターズが抵抗しようとすると、何者かの声が、彼に落ち着くよう求めた。しかしウォルターズがそれに構わず悪態をつくと、地面に降ろされ、物体は飛び去ったという。

彼は、匿名で写真を地元のセンチネル紙に送付したところ、その写真が19日に掲載された。

以来地域では多数のUFO目撃報告が寄せられるようになった。

1988年7月には200人以上から100件以上の報告があったが、そのうち24件はウォルターズからのものだった。事件以来ウォルターズは、何度もUFOを目撃するようになり、何枚もの写真を撮った。また、UFO目撃の前に頭の中でうなるような音を聞くこともあったという。

1988年5月には、ウォルターズはUFOに拉致され、自分の頭内に**インプラント**された装置を除去された。するとそれ以来、うなるような音が聞こえなくなったという。

ガルフブリーズ事件の発端となったのはウォルターズの報告であるが、彼が撮影したUFO写真については、トリックが疑われており、実際ウォルターズは、以前ポラロイド・カメラで偽造写真を作った前歴もある。

フロリダ州ガルフブリーズ

アーカンソー州
ミシシッピ州
アラバマ州
ジョージア州
ルイジアナ州
● **ガルフブリーズ**
フロリダ州

ガルフブリーズ事件の流れ

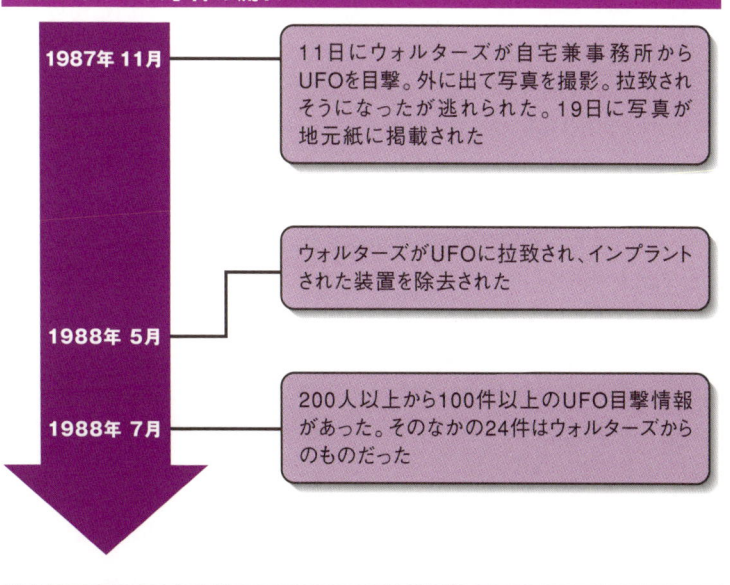

1987年 11月 — 11日にウォルターズが自宅兼事務所からUFOを目撃。外に出て写真を撮影。拉致されそうになったが逃れられた。19日に写真が地元紙に掲載された

1988年 5月 — ウォルターズがUFOに拉致され、インプラントされた装置を除去された

1988年 7月 — 200人以上から100件以上のUFO目撃情報があった。そのなかの24件はウォルターズからのものだった

関連項目

●インプラント→No.055

No.028 第1章●UFO事件

No.029
エリア51事件
Area51

1989年、自称物理学者のロバート・ラザーは、ネヴァダ州グルームレイクにあるアメリカ軍の基地で、UFOの開発が行われていると主張した。

●地球製UFO製造基地

エリア51は、アメリカのネヴァダ州グルームレイクと呼ばれる乾湖の地下、ネリウス空軍基地の近くにある秘密の米軍基地で、ニューヨークのマンハッタン島と同じくらいの広さを持つとされる。U2型偵察機の実験場として1955年に設立され、1960年からエリア51と呼ばれるようになった。イラク戦争でも活躍したステレス機などの秘密兵器もこの場所で開発されたという。

この秘密基地で、密かにUFOの開発が行われているとの情報は、既に1980年に見られる。このとき、マイクと名乗る人物がアメリカのUFO研究機関「相互UFOネットワーク」(MUFON)のメンバーに連絡をとり、エリア51ではプロジェクトレッドライトというコードネームのもとでUFOの飛行実験が行われていたと主張した。

しかしこの場所が有名になったのは、1989年に自称物理学者のロバート・ラザーが、彼自身物理学者として地球製UFOの開発に関わっていたと主張して以来である。

ラザーによれば、この施設には9機のUFOが格納されており、600人以上の異星人が人間と共同作業を行っているという。またグルームレイクからさらに南に15kmほどいったパプース・レイクという乾湖北東にあるS4という円盤研究施設で、UFOに関する報告書やエイリアンの解剖写真を見たとも述べている。

しかしラザーの主張を裏づけるものはなく、彼の物理学者という肩書きにも疑問が呈されている。この基地では、マッハ6で飛行するステレス戦略偵察機オーロラを製作しているともいわれるが、それを見たのはロバート・ラザーのみである。

エリア51の所在地

アメリカ合衆国ネバダ州ラスベガスの北北西150km

ネバダ州
ラスベガス

ロバート・ラザーの証言

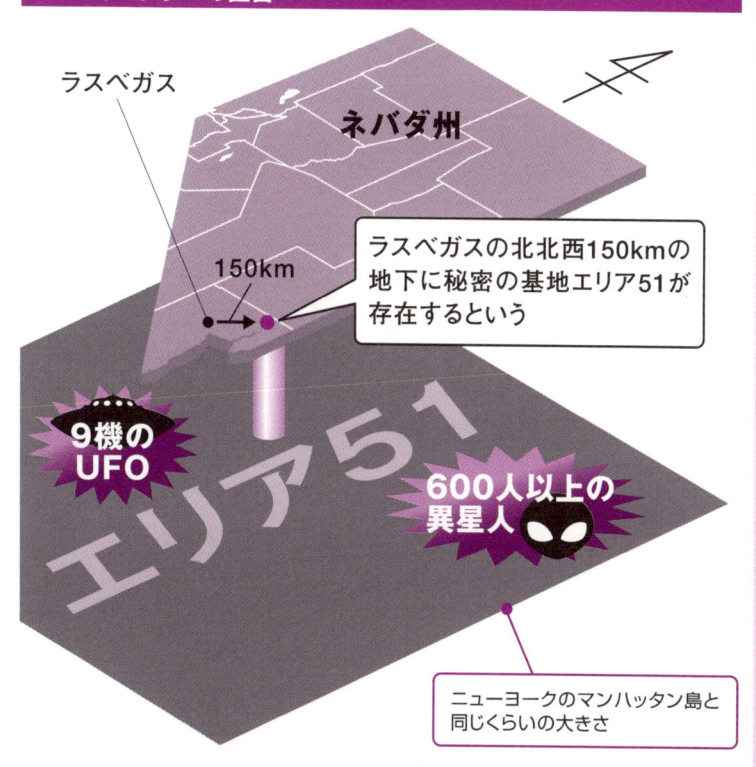

ラスベガス
ネバダ州
150km

ラスベガスの北北西150kmの地下に秘密の基地エリア51が存在するという

エリア51

9機のUFO

600人以上の異星人

ニューヨークのマンハッタン島と同じくらいの大きさ

関連項目
●陰謀説→No.097

No.030
ボロネジ事件

Voronezh Encounter

旧ソ連の崩壊直前に起きた事件。身長3mの巨大な乗員らしき姿や小型のロボットのような存在が多くの目撃者の前に姿を現した。

●国営タス通信（現イタルタス通信）が報じたUFO事件

1989年9月23日から数日の間、モスクワ南東500kmほどの位置にあるボロネジ市の公園では、何度かUFOが目撃された。UFOはピンク色に輝く直径9mほどの球形をしていた。

9月27日午後6時30分頃、地元の学生3人が公園でサッカーをして遊んでいるとUFOがまたしても姿を見せ、上空に浮かんだ。

UFOに気づいた人々が公園に集まってくると、UFOは人々の目の前で公園に着陸し、その下部が開いて中から3人の乗員と、四角い箱のような形をしたロボットらしきものが出てきた。

UFOから出てきた搭乗員は、身長3mくらいの巨人だったが、頭は小さなこぶのように丸く低く、首がなかった。またこのこぶのような頭の両側に白い目が1つずつ、そして中央に赤い目があった。この中央の目は上下左右に動かすことができ、これによって頭が動かないのを補っているようだった。鼻の部分には穴が2つあるだけだった。

銀色のオーバーオールを着て胸には円盤がついており、ブロンズ色のブーツを履いていた。そして腰のベルトには、ウンモ星人の円盤の模様に似た形がついていた。

目撃者たちが叫びはじめると、搭乗員もUFOも一旦姿を消したが、5分ほどすると再び現れた。

今回搭乗員の1人は、1.2mほどの長さの筒状の銃を手にしていた。16歳の少年が大声を出すと搭乗員がその銃を少年に向けると、少年の姿が消えてしまった。

しかし、搭乗員たちがUFOに引き返し、UFOが飛び去ると、少年は再び姿を現した。

ボロネジ市

- ベラルーシ
- モスクワ
- ウクライナ
- 500km
- ボロネジ
- ロシア連邦

搭乗員の特徴

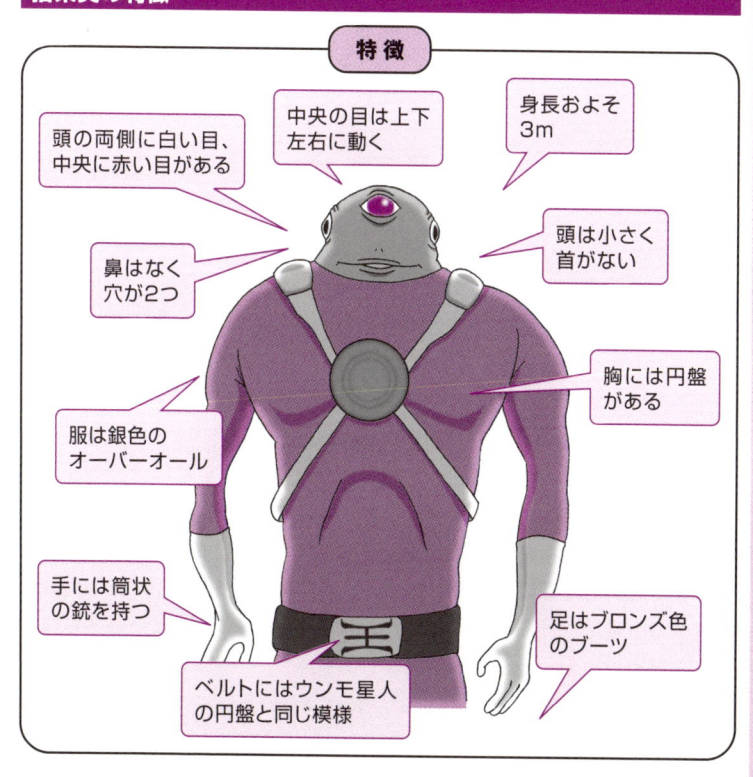

特徴

- 頭の両側に白い目、中央に赤い目がある
- 中央の目は上下左右に動く
- 身長およそ3m
- 鼻はなく穴が2つ
- 頭は小さく首がない
- 服は銀色のオーバーオール
- 胸には円盤がある
- 手には筒状の銃を持つ
- ベルトにはウンモ星人の円盤と同じ模様
- 足はブロンズ色のブーツ

関連項目

●ウンモ星人事件→No.015

No.031
リンダ・ナポリターノ事件
Napolitano Abduction

1989年、ニューヨークでリンダ・ナポリターノという女性が高層アパートの窓から外へ吸い出され、UFOへ連れ込まれたという事件。

●目撃者は国連事務総長？

　リンダ・ナポリターノは、ニューヨークのマンハッタン島にある高層アパート12階に住む主婦でああある。20代の頃から**アブダクション**された経験をもち、UFO研究家のバド・ホプキンズから退行催眠を施されたこともあった。1989年11月30日未明、そのナポリターノが新たなアブダクションを経験した。

　その日彼女は、午前3時になってやっと床についた。すると、足から体の方に向かって、感覚が麻痺するように感じた。以前の経験から、彼女にはアブダクションの前兆だとわかった。やがて、室内に灰色の人影のようなものが現れた。夫は既に眠っており、何も気づいていない。彼女は必死の思いで人影に枕を投げつけたが、その後全身が麻痺し、意識が薄れていった。その中で、誰かが背骨を触ったことはかすかに覚えていた。

　この体験の後、彼女は再度ホプキンズから退行催眠を受けた。その結果、彼女の部屋に人間のような生物が3、4体侵入し、彼女は彼らに連れ出されたことが判明した。そのとき、12階にある彼女のアパートの窓は閉じていたが、彼女はその窓をすり抜けて、空中を漂って上空のUFOに連れ込まれ、医学的な検査を受けた。

　そして1991年2月になって、ホプキンズは警察官だという2人の人物から匿名の手紙を受け取った。この2人は、事件当日の夜、彼女のアパート近くに停めた車から、彼女が宙に浮いてUFOに吸い込まれる様子を見ていたというのだ。2通目の手紙には、実は彼らはデクエヤル国連事務総長のシークレットサービスで、国連事務総長自身もナポリターノのアブダクションを目撃していたと書いてあった。もちろん国連は、デクエヤル事務総長が当日その時間に、問題のアパートの近くにいたことを否定している。

ナポリターノが語るアブダクション

ナポリターノはホプキンズの退行催眠によってアブダクションされた内容を語った

ホプキンズ

↓ 退行催眠

ナポリターノ

1989年 11月30日未明

ナポリターノが高層アパートの12階で寝ていると、部屋に3〜4体の異星人が現れ、UFO内部へ運び込まれた。そして、UFOの内部で医学的な検査を受けた

ホプキンズ宛ての2通の手紙

ナポリターノの家の近くに停めた車から彼女がUFOに吸い込まれていく様子を目撃した

私たちはデクエヤル国連事務総長のシークレットサービスで事務総長もアブダクションを目撃した

関連項目
●アブダクション→No.054

No.032
メキシコ空軍UFO目撃事件
Mexico Air Force Sighting

2004年、メキシコの空軍機がUFOのビデオ映像を撮影した。しかし、実際はカリブ海上にあるコンビナートの炎であるといわれている。

●メキシコ空軍の誤認事件

　事件が起きたのは、2004年5月10日、メキシコのテレビで、空軍が撮影したというUFOの映像が放映された。映像には、幾何学的な配置を保ったまま、光点が移動していく様子が鮮明に写っていた。

　メキシコのUFO研究家ハイメ・マウサンは、この映像をリカルド・ベガ・ガルシア国防長官から入手したと述べ、メキシコ国防省の広報担当も、この映像を空軍の軍人が撮影したということは認めた。

　れっきとした空軍の軍人が撮影したUFO映像ということで、一時世界中が沸き立ったが、調査の結果意外な事実が判明した。

　事件が起きたのは、2004年3月5日のこととされている。

　この日、メキシコ空軍のマグダレノ・カスタノン少佐が機長を務めるC26マーリン機が、麻薬取引グループの行動を監視するため、カンペチェ州南部上空を飛行していた。

　当時空軍機は3500mの高度にあったが、突然光るUFOが何機か現れ、空軍機と並んで飛行し続けた。

　空軍機の係員が赤外線機器を用いたところ、11個の光点が確認され、その姿を収めたのが問題のビデオ映像であった。しかも、同時にレーダーにも何らかの飛行物体が捕捉された。

　ただちに他の空軍機数機が追跡に入ったが、追跡をはじめるとこれらのUFOは消えてしまったという。

　しかし、問題の光点が現れた方向には、100km以上離れたカリブ海上にカンタレル海底油田があり、そこでは常に石油ガスが炎上していた。しかもUFOの編隊の形も、石油ガスが燃えている掘削施設の配置と一致していたのだ。

メキシコ空軍UFO目撃事件のあらまし

① 2004年3月5日
2004年3月5日、メキシコ空軍が11個の光点を目視し、同時にレーダーにも何らかの飛行物体を確認。ビデオに収める

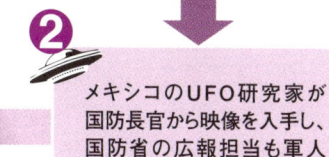

② メキシコのUFO研究家が国防長官から映像を入手し、国防省の広報担当も軍人が撮影したことを認める

③ 2004年5月10日
2004年5月10日、メキシコのテレビで空軍が撮影したというUFOのビデオが放映され、幾何学的な光点が移動する様子が世界的に発信された

④ れっきとした空軍の軍人が撮影したUFO映像ということで、世界中が沸き立つ(その後の調査で意外な事実が判明する)

光点とコンビナート

UFOの編隊の形 　イコール　 石油ガスが燃えている掘削施設の配置

関連項目
●誤認説→No.097

No.033
ツングースカ爆発
The Tunguska Explosion

1908年、シベリアで謎の大爆発が発生した。隕石説や彗星説があるが、旧ソ連のSF作家が、火星人の宇宙船だったとの作品を発表した。

●シベリアで起きた謎の大爆発

1908年6月30日、シベリア奥地のツングースカ地方ワナワラの北にある原生林で、謎の大爆発が発生した。

このとき、エベンキと呼ばれる地元民族は、太陽の2, 3倍の大きさの火の玉を見たと証言しており、この爆発では約2000平方kmの面積にわたり樹木が倒れ、エベンキと呼ばれる地元民の飼うトナカイが多数死亡した。

中心部では山火事が発生して数日間燃え続けたため、約1000平方kmが焼失、爆心地から60km以内のものは爆風で飛ばされ、爆発後に黒い雨が降ったと報告されている。

爆発音は500km離れた場所でも聞こえ、西ヨーロッパ各地でも夜新聞が読めるほど明るくなるという現象が生じた。

その後の調査により、爆発自体は現場上空で生じ、TNTに換算して10から40メガトンの範囲と推定されている。なお、広島に落とされた原爆はTNT換算で12.5kt（キロトン）である。

爆発は当初、地球に衝突した隕石によるものと考えられた。しかし、その後に度重なる調査が行われたにもかかわらず、いかなる破片も発見されていない。

1946年になって、旧ソ連時代のSF作家アレキサンドル・カザンツェフは、この爆発は火星から来た宇宙船が爆発したものと小説の中で述べたところ、この説が広まり、ツングースカ爆発自体もUFO関連で取り上げられることが多くなっている。

他に反物質説、小型ブラック・ホール説、さらには地球内部で生じた特別な現象という説も唱えられたが、現在では彗星の爆発という説が有力となっている。

ロシア連邦ツングースカ

- タイミル自治管区
- サハ共和国（ヤクート共和国）
- ヤマロ・ネネツ自治管区
- エベンキ自治管区
- ● ツングースカ
- ハバロフスク地方
- **ロシア連邦**

爆発事件に対する様々な見解

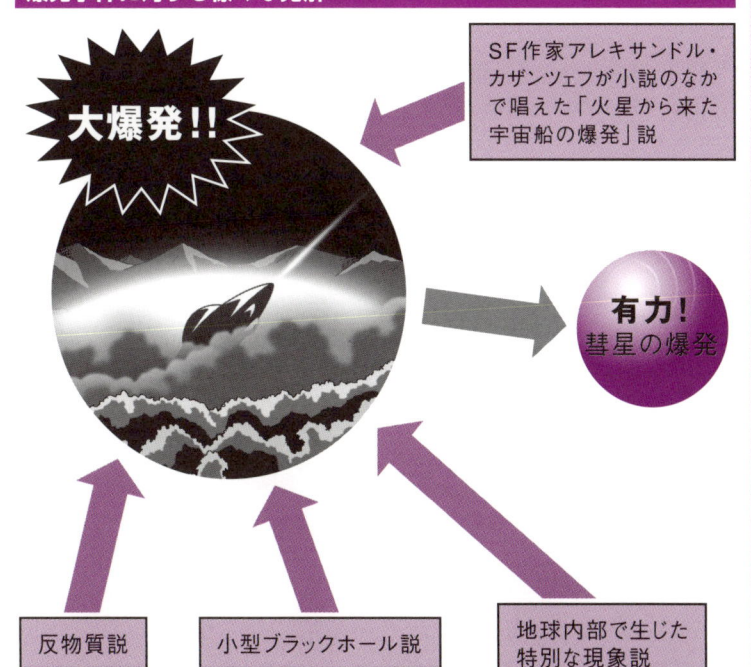

大爆発!!

SF作家アレキサンドル・カザンツェフが小説のなかで唱えた「火星から来た宇宙船の爆発」説

有力！彗星の爆発

反物質説

小型ブラックホール説

地球内部で生じた特別な現象説

関連項目

●誤認説→No.097

No.034
ファーティマ事件

Miracle at Fatima

ファーティマは、聖母マリア出現場所として世界的に有名。最後の出現の日に起きた太陽の乱舞は、UFOではないかとの説もある。

●聖母マリアとUFO

　世界的に有名な聖母マリア目撃事件の1つで、1917年にポルトガル中部のファーティマで起きた。

　1917年5月13日、ファーティマのコヴァ・ダ・イリアという場所で羊飼いをしていた地元の貧しい子供たち、ルシア、ヤシンタ、フランシスコの3人が、聖母マリアらしき美しい女性の姿を見た。この女性は子供たちに、毎月13日にこの同じ場所に来るよう求めた。子供たちは、地元の行政官に拉致された8月13日を除いてこの言葉に従ってコヴァ・ダ・イリアを訪れ、7月13日には3つの秘密を授けられている。

　最初は懐疑的だった村人たちも、次第に子供たちと聖母マリアの会見の場所に集まるようになったが、聖母マリアの姿を見ることができるのは3人の子供たちだけだった。

　最後の会見となる10月13日には、5万人とも7万人ともいわれる大勢の人々が現場に集まった。

　その日は朝から土砂降りの雨だったが、子供たちと聖母マリアの会見がはじまると雨はすっかり上がった。そして会見後聖母マリアが昇天していった後、突然太陽が回転し、色を変えながら踊るように動き回った。

　一部のUFO研究家の中には、太陽が動き回るはずはないから、これはUFOだったのではないかと主張する者もいる。

　なお、子供たちが聖母マリアから授けられた3つの秘密については、最初の2つは第1次世界大戦の終了と第二次世界大戦の発生と信じられており、第3の秘密についてはその後長いこと公開されておらず、様々な噂を呼んだが、教皇庁は2000年5月になって、1981年5月13日に発生したヨハネ・パウロ2世暗殺未遂を予言したものと発表した。

ファーティマ事件の流れ

- 1917年 5月13日：3人の子供たちが聖母マリアらしい美しい女性と出会い毎月13日に会いにくるようにいわれる
- 6月13日：3つの秘密を授けられる
- 7月13日
- 8月13日：行政官に拉致され、行けなかった
- 9月13日
- 10月13日：大勢の人が見守るなか、マリアが昇天し、太陽が色を変えながら動き回った

ファーティマの祈り

UFO?

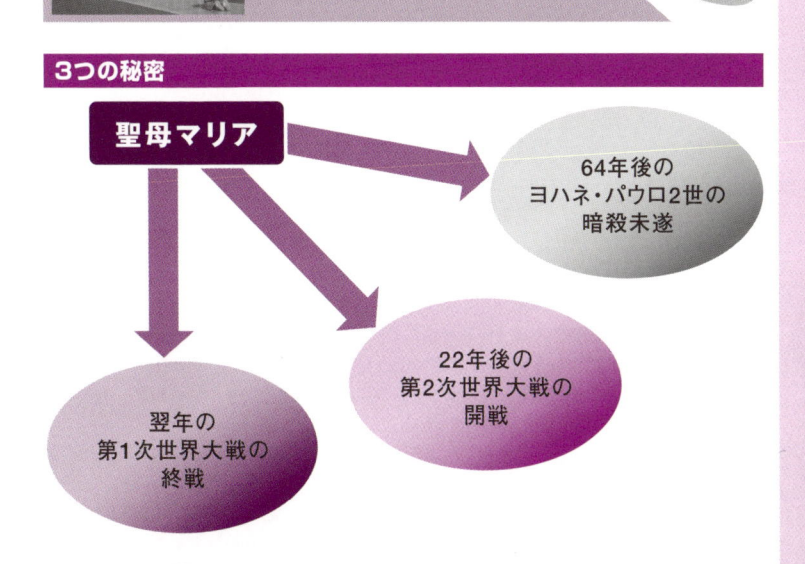

3つの秘密

聖母マリア

- 翌年の第1次世界大戦の終戦
- 22年後の第2次世界大戦の開戦
- 64年後のヨハネ・パウロ2世の暗殺未遂

関連項目

● エゼキエル宇宙船 → No.040

実録「エリア51でUFOを目撃!?」

　ここでは本書の著者、桜井慎太郎氏の友人であるエド源太氏が、実際にエリア51を訪れた際に経験した不可思議な出来事を紹介する。

　UFOフリークの間では超有名なスポットである、エリア51に私が初めて足を踏み入れたのは1997年のことである。当時、ラスベガスで毎年行われていた「Comdex」という展示会に参加した時に、同じIT関係の仲間であるボブに誘われたのが、そのきっかけだった。

　ボブにはビルという弟がいて、彼の古ぼけたオープンカーに乗って3人で面白半分、エリア51に行こうという話になった。エリア51の名前は聞いたことがあっても、3人とも初めてということで、地図を入手し、Alamoという場所を目指してスタートした。

　ラスベガスからの出発時間は午後8時。途中からは、映画「未知との遭遇」に出てくるかのような、ひたすら直線のフリーウェーを走り続けた。車中、UFO談義で盛り上がりながら、約2時間でAlamo付近に到着。道中、2件しかない雑貨店に立ち寄り、Chuck Clark氏の『Area51 Research Manual』と、あたたかいコーヒーを買った。そこからは20分程度で、最終目的地のRachealという小さな町に到着した。

　見晴らしの良い場所の路肩に停車し、エリア51の方角に不審な物体が飛行していないかをチェックする。砂漠のど真ん中ということもあり、1月の夜間気温は確実に零下である。とにかく寒い。私はセーターの上に登山用のダウンジャケットを着込み、加えてフードで頭を覆った。

　観測を始めて数分、透き通った大気を通して幾千もの星がUFOのように見える。そのうち特に光が強いものをじっと見ていると、突然前後左右に揺れるように動き出した。

「まさか、UFO？」と思い、途中の雑貨店で買った、『Area51 Research Manual』をチェックしてみると、"UFOと見間違えやすいもの"として、「Bumble Bee Effect」（クマバチ効果）」とあった。これはどうも同じ光をじっと凝視していると、目の働きで物体自体が移動しているように見える錯覚の一種とのこと。「なるほど」と感心していると、突然真上から目もあけられない程の強い光を当てられた。一瞬の出来事だった。体感的にはわずか数秒であろうか。数メートルしか離れていない場所で、各々空を見上げていた3人は顔を見合せた。

「見たか？」
「うん、なんだあれ？？？」

　　　　　　　　　　　　　　　　　……つづきは本書のどこかに

第2章
UFO基礎知識

No.035
UFOの形態

Shapes of UFOs

UFOの形状で最も多いのは、夜間に目撃される光点である。次いで多いのが皿型や球型のUFOだが、時には動物型のUFOも報告される。

●ありとあらゆる形

　世界各地で目撃されるUFOの形状は様々である。

　目撃報告の中で最も多いのは、光点のような形であるが、その他にも、俗にアダムスキー型と呼ばれるものや、葉巻型、円盤型など多くの形状が報告されている。

　このようなUFOの形状について、アメリカの**全米空中現象調査委員会**（NICAP）は、1964年に10の基本的な類型を設けた。

　それらは、皿型、ドーム型、土星型、半球型、楕円球型、球型、ラグビーボール型、三角型、葉巻型、光点型である。

　皿型とは、文字通り平たい円型をしたUFOのこと。ドーム型は皿のような形状の上にドームが乗ったもので、アダムスキー型やエリア51のUFOなどは、この分類ではドーム型となる。

　葉巻型は、アダムスキーが撮影したもので有名になったが、1946年に北欧を中心に巻き起こった**幽霊ロケット**事件の際にも同様のタイプが目撃されている。

　しかし、1960年代も後半になると、この分類に必ずしも合致しないUFO形状の目撃報告も、多く寄せられるようになる。

　そうした特異な形状のUFOとしては、1967年にイギリスで目撃された十字型UFO、1974年にアメリカで目撃された円錐型UFO、さらに四角いUFOやブーメラン型のUFOなども報告されている。

　そのほか、最近では、南米を中心に、人や動物の形をした奇妙な飛行物体の目撃報告も寄せられている。このような事例は時にフライング・ヒューマノイドなどと呼ばれることもある。

基本的な10の形態

① 光点型

② 皿型

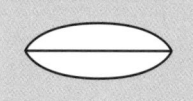

③ ドーム型

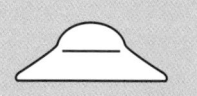

④ 土星型

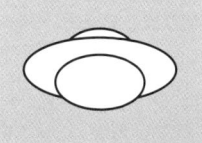

⑤ 半球型

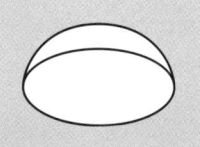

⑥ 球型

⑦ 三角型

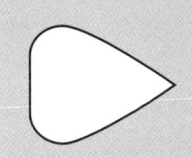

⑧ ラグビーボール型

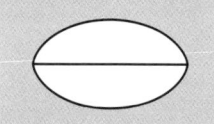

⑨ 葉巻型

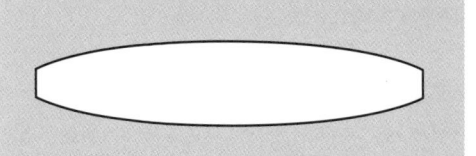

⑩ 楕円球型

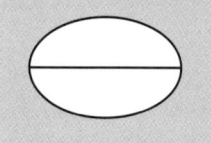

No.035

第2章 ● UFO基礎知識

関連項目

● ジョージ・アダムスキー→No.043　　　　● 全米空中現象調査会→No.088

No.036
飛行パターン
Flying Pattarns of UFOs

UFOの飛行パターンにも、いくつか特徴的なものが見られる。全米空中現象調査会は、そうした飛行形態についても分類を行っている。

●UFOに特徴的な飛行

UFOの飛行形態には、いくつか特徴的なパターンが見られる。

UFO目撃の際には、目撃された当時の航空機では考えられないほどの高速で飛行したり、急停止や、急な方向転換を行うなどがしばしば報告される。それ以外にもUFOには、いくつか特徴的な飛行パターンが見られることがある。

アメリカの民間UFO研究機関である**全米空中現象調査委員会**（NICAP）は、こうした飛行パターンをいくつかに分類している。

こうした飛行パターンの中には、ロッキング、らせん飛行、衛星飛行、木の葉落とし、ジグザグ飛行、波状飛行などと呼ばれるものがある。

ロッキングとは上空に滞空するUFOに特徴的な動きで、中央部を中心に左右に少し揺れながら滞空するパターンをいう。

らせん飛行は、UFOが上昇する時に時折みられるもので、まっすぐ上昇するのでなく、小さな円を描きながら上昇するものをいう。

衛星飛行とは、母船らしき大型UFOの周囲を小型のUFOが回転しながら飛行するもので、一種の編隊飛行ともいえよう。

木の葉落としという飛行パターンは、円盤型のUFOに限られている。このパターンは、UFOが降下する際に、まるで木の葉が落ちるように左右に揺られながら降下していくものをいう。

波状飛行は、上下に波を描くように飛行するパターンで、**アーノルド事件**でケネス・アーノルドが描写した「水面に石切をしたような」飛行パターンもこれに含まれる。

最後にジグザグ飛行は、上下方向には動きがないが、左右にジグザグを描いて水平飛行するものをいう。

6つの飛行パターン

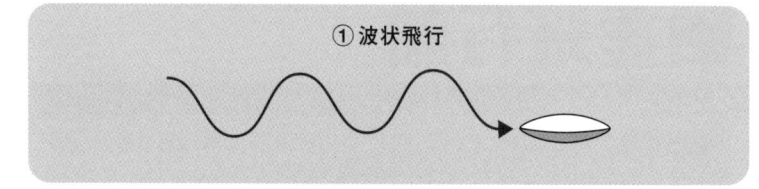

①波状飛行

②ジグザグ飛行

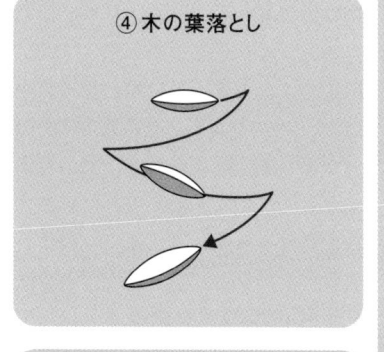

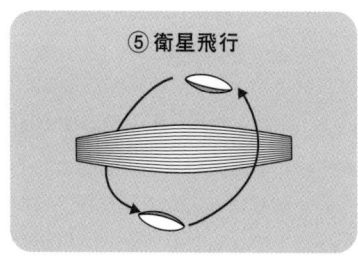

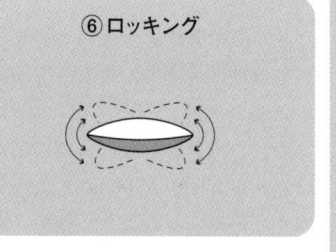

③らせん飛行

④木の葉落とし

⑤衛星飛行

⑥ロッキング

No.036
第2章 ●UFO基礎知識

関連項目

●アーノルド事件→No.001　　　　　　●全米空中現象調査委員会→No.088

No.037
幽霊飛行船
Ghost Airships

1896年から翌年にかけて、アメリカを中心に謎の飛行船の目撃が多発した。多くの場合、その形状は飛行船というより光点であった。

●史上初のUFOウェイヴ

　1896年11月から翌年にかけて、アメリカ各地やカナダの一部で、謎の飛行船が集中的に目撃される事件が発生した。飛行船の目撃は、その後スウェーデンやノルウェー、ロシアにも波及した。UFO研究家は、これを歴史上最初のUFO**ウェイヴ**と考えている。幽霊飛行船の最初の目撃は、1896年11月17日の夜、カリフォルニア州サクラメントで起きた。このとき、空は雲に覆われており、目撃者が見たのは謎の光点であった。さらに、11月21日の夜にも、同様に光点のみが確認されている。

　このような光点の目撃が相次ぐ中、ロウリーと名乗る人物が、サン・フランシスコのコリンズ弁護士に不思議な話をした。ロウリーによれば、何ヶ月か前にある男が訪ねてきて、世界最初の実用的な飛行船を作りたいと述べたというのだ。光点の目撃に加えて、様々な形状をした飛行船の目撃報告が寄せられるようになったのは、このロウリーの発言が報じられて以後のことである。

　飛行船の形状や動きは一定しておらず、その速度も時速8kmから300km以上とかなりばらつきがある。中には飛行船から手紙が落とされたり、搭乗者が乗っているのを目撃したとの報告もあるが、そうした報告の信憑性には疑問が持たれている。

　1896年当時、飛行船そのものは存在していたものの、推進力を得るための動力源が脆弱であったため自由に動き回ることのできる実用的なものは製作されていなかった。このことから、一部では火星人の乗り物ではないかとの説も見られた。他方、歴史に記されていない何者かが、実用的な飛行船を当時発明しており、アメリカ上空で試験飛行を行っていたのではないかとも考えられている。

謎の飛行船の目撃情報

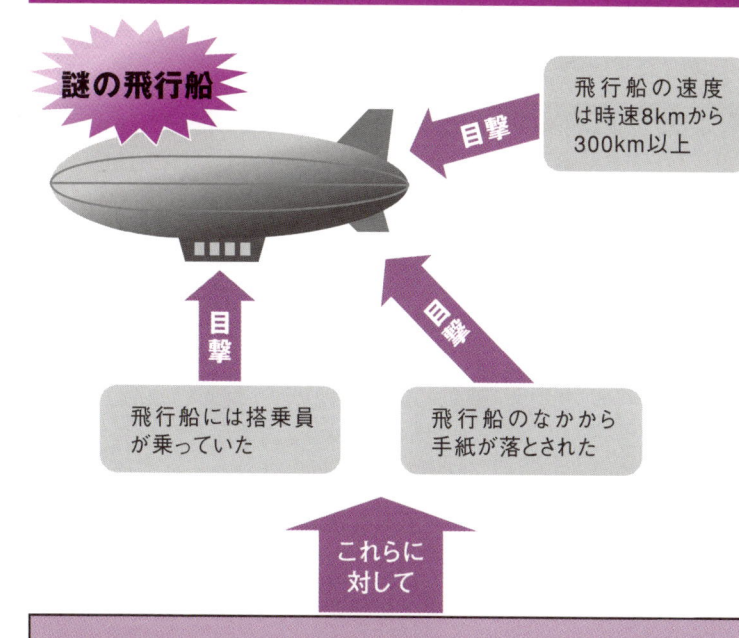

謎の飛行船

目撃 → 飛行船の速度は時速8kmから300km以上

目撃 → 飛行船には搭乗員が乗っていた

目撃 → 飛行船のなかから手紙が落とされた

これらに対して

当時、飛行船は存在したが自由に動けないものだったため、火星人の乗り物ではないかという説や、歴史に登場しない何者かが、飛行船を発明し、アメリカ上空で試験飛行を行っていたという説もある

❖ オーロラ事件

アメリカ全土で幽霊飛行船の相次ぐ中、テキサス州オーロラでは、飛行船が水車小屋に激突して墜落したというニュースが「ダラス・モーニング・ニューズ」に報じられた。事件は1897年4月17日午前6時頃に発生し、飛行船から地球人とは思えない姿の遺体が回収され、町の墓地に埋葬されたという。しかし、当時町に水車小屋はなく、事件そのものも「ダラス・モーニング・ニューズ」がでっち上げたものとされている。

関連項目
● ウェイヴ → No.058

No.037 第2章 ● UFO基礎知識

No.038
フー・ファイター
Foo Fighters

第二次世界大戦末期に目撃された正体不明の飛行物体は、連合軍パイロットからフー・ファイターと呼ばれた。史上2番目のUFOウェイヴ。

●火の玉のような戦闘機

1947年には、アメリカでUFO**ウェイヴ**が発生し、有名な**アーノルド事件**などもこの年に起きた。

その直前の第二次世界大戦最末期に、戦場のパイロットたちはしばしば謎の飛行物体を目撃した。アメリカのパイロットはこれをフー・ファイターと名づけた。

フー・ファイターという名称は、当時人気のあった漫画「スモーキー・ストーバー」のセリフをもじったもので、既に1943年末にヨーロッパ戦線で目撃されていたという。その後、太平洋の日米間の戦場でも目撃されるようになった。

フー・ファイターは、直径10cmから1mほどの赤や白、オレンジ色の光る球体で、単独で現れたり、集団で現れたりして連合軍の航空機を追尾した。時速は300kmから800kmほどで、時に点滅したり、赤や白、金色の光を発したりした。レーダーには映らず、戦闘機に近づいてダンスをするように跳ね回ったり、爆撃機や戦闘機の前方や後方についた。その動きは、何らかの知性にコントロールされているようにも思われ、ナチス・ドイツや日本軍の秘密兵器ではないかという噂も流れた。

現にイタリアの作家レナード・ヴェスコは、1969年に、フー・ファイターはナチス・ドイツの新兵器であると主張している。彼によれば、フー・ファイターはジェット・エンジンで飛ぶ平たい円形の飛行機ということで、機体の周囲の高濃度の混合燃料によって生じる炎の輪と科学的添加剤が敵機の周辺の空気を過剰にイオン化し、レーダーの作用を妨げるのだとする。一方、セント・エルモの火のようなプラズマ現象の一種だとか、幻覚とする説もある。

フー・ファイターの特徴

単独 / 複数

特徴
- 直径10cm〜1mほどの赤、白、オレンジ色に光る球体
- 現われるときは、単独の場合や集団の場合がある
- 時速は300kmから800kmで時に点滅したり、光を発する
- レーダーには映らず、戦闘機の周りで跳ね回ったりする

フー・ファイターに関する諸説

プラズマ説
いわゆる球電

ナチスドイツの秘密兵器説
エンジントラブルを発生させる秘密兵器

集団幻覚説
大勢が似たような幻覚を見た

誤認説
金星などの光と間違えた

太陽光説
太陽の光が航空機の翼端に反射したとする説

関連項目

- ウェイヴ→No.058
- 誤認説→No.097

No.039
幽霊(ゴースト)ロケット
Ghost Rockets

1946年、北欧を中心に謎の飛行物体の目撃が相次いだ。冷戦に突入し東西の緊張が高まるなか、ソ連の秘密兵器とする疑いが持ち上がった。

●北欧の空の怪物体

1946年から1948年にかけて、主として西ヨーロッパ及びスカンジナビア半島で、ゴースト(幽霊)・ロケットと呼ばれる謎の飛行物体の目撃が相次いだ。

事件の発端は1946年2月、フィンランドで異常な隕石活動が報告されたことである。これらの物体は、火の玉のような形をしていることが多いが、隕石とは違って水平に飛び、降下したり上昇したりする。

1946年5月になると、スウェーデン北部で、紡錘型、魚雷型、あるいは葉巻型をしており、時には小さな尾翼を持つロケットのような飛行物体がスウェーデン上空でたびたび目撃された。

当時は、第二次世界大戦終了直後、つまり冷戦がはじまったばかりの時代である。スウェーデン政府は、この飛行物体がソ連の秘密兵器である可能性を懸念し、同年7月10日にゴースト・ロケットに関する特別調査委員会を組織した。この委員会は、世界初の公式UFO調査委員会と考えられている。

ゴースト・ロケットの目撃談は、8月にはデンマーク、ノルウェー、スペイン、ギリシャ、ポルトガルとヨーロッパ全土に広がり、9月にはインドのカシミールでも目撃された。

夏から秋になるにつれ、目撃報告は次第に減少し、スウェーデン軍は10月10日に調査結果を公表した。

それによれば、ゴースト・ロケットとして報告されたもののうち80%は自然現象の誤認であったが、20%は断定できなかった。

その後、ゴースト・ロケットの報告はほとんどなくなったものの1947年と1948年にスカンジナビア半島上空での目撃例が報告されている。

幽霊ロケットの目撃場所

1946年 2月～9月

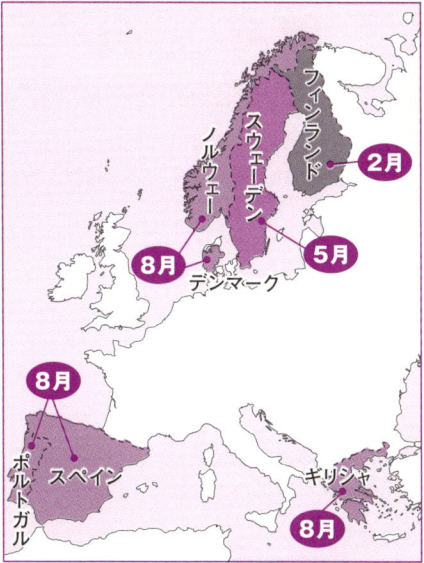

（地図：9月＝カシミール／インド、2月＝フィンランド、5月＝スウェーデン、8月＝ノルウェー・デンマーク、8月＝スペイン・ポルトガル、8月＝ギリシャ）

スウェーデン政府が作った委員会

1946年 5月
スウェーデン上空で、ロケットのような飛行物体がたびたび目撃される

↓ これを受けて

スウェーデン政府 →

7月10日
ゴースト・ロケットに関する特別調査委員会を組織する

世界初の公式UFO調査委員会

関連項目

● ウェイヴ→No.058

No.040
エゼキエル宇宙船
Ezekiel's Wheel

「エゼキエル書」には、エゼキエルが見た非常に奇妙な物体の描写があるが、これを古代の宇宙船の記述ではないかと唱える者もいる。

●太古の宇宙船?

『旧約聖書』の「エゼキエル書」には非常に奇妙な物体が登場する。

「エゼキエル書」は『旧約聖書』の預言書の1つで、「ダニエル書」や「ヨハネの黙示録」と並び、ハルマゲドン(世界最終戦争)の状況を予言した予言書としても名高い。その「エゼキエル書」の冒頭には、預言者エゼキエルがケバル川のほとりで幻を見る場面がある。その幻に登場する物体は、「エゼキエル書」第1章第4節から第14節までの描写によれば次のように描写されている。

> この物体は火に包まれて現れ、琥珀金のように輝いていた。
> 物体の中には、4つの人間のような生き物の姿があったが、それぞれが人の顔、獅子の顔、牛の顔、鷲の顔の4つの顔を持ち、4つの翼を持っていた。
> 彼らの脚はまっすぐで足の裏は子牛のよう、しかも磨いた青銅のように光を放っていた。
> 4つの翼の下には4つの方向に人間の手があり、翼は上に向かって広がり、2枚は互いに触れ合って、2枚で体を覆っていた。そしてその姿は燃える炭火のようであった。

この奇妙な物体に関し、元NASAの技術者であるジョセフ・ブルームリッヒなどは、古代における宇宙船との遭遇の記録ではないかと主張している。物体が火に包まれて現れたのは、着陸のための逆噴射でそのように見えたということになるし、磨かれた青銅のように輝く脚も、金属でできた着陸脚の正確な描写ということになる。一方、ユダヤ・キリスト教の神学上では、預言者エゼキエルが見たものは、実は神の姿であるとか、あるいは智天使(ケルビム)、神の戦車である座天使の姿などと解釈されている。

旧約聖書の預言書

旧約聖書

- エゼキエル書
- ダニエル書
- ヨハネの黙示録

→ ハルマゲドンの状況を予言したものとして有名

物体の特徴と見解

特徴
- 琥珀金のように輝いている
- 4つの顔、4つの翼がある
- 足の裏は仔牛のようで、磨いた青銅のように光を放つ
- 4つの翼は上に広がり、2枚は互いに触れ合い、2枚で体を覆う

NASAの技術者
→ 古代における宇宙船との遭遇の記録

神学上は
→ 神か智天使の姿、あるいは神の戦車を運ぶ座天使の姿

関連項目
- ファーティマ事件→No.034
- 心霊現象説→No.100

No.041
接近遭遇
Close Encounters

ハイネックが定めたUFO事件分類法。彼は第一種から第三種までを想定したが、その後多発するアブダクションを第四種と呼ぶこともある。

●未知との遭遇

　接近遭遇とは、アメリカの**J・アレン・ハイネック**によるUFO事件分類方法の一種である。UFOとの近接での遭遇形態を分類したもので、ハイネックは第一種接近遭遇、第二種接近遭遇、第三種接近遭遇の三種に分類した。その後、第四種接近遭遇というカテゴリーも提唱されている。

　第一種接近遭遇（Close Encounters of the First Kind:CE-1）は、距離にして150m以内の至近距離でのUFO目撃事件のうち、目撃者及び環境への影響を伴わないものを指す。

　第二種接近遭遇（Close Encounters of the Second Kind:CE-2）は、UFOの目撃に伴い、車のエンジンがストップしたり着陸痕が地面に残るなど、何らかの物理的影響が確認される事例をいう。

　第三種接近遭遇（Close Encounters of the Third Kind:CE-3）が、UFOの目撃に伴い、その搭乗員らしき生物体が目撃される事例である。

　この第三種接近遭遇における搭乗員の目撃についても、その状況によっていくつかに細分される。UFO内部に搭乗員やその乗り降りが目撃される場合、UFOの近くでそれらの生物が目撃される場合、UFO目撃多発地帯でそれらしき生命体が目撃される場合、声やメッセージなどにより搭乗員の存在が推定される場合がある。

　本来コンタクトや**アブダクション**も第三種接近遭遇に分類されたが、こうした現象を第四種接近遭遇（Close Encounter of the Forth Kind:CE-4）として区別する見解もある。

　ジェニー・ランドルズは第四種接近遭遇をさらに4つのタイプに分類している。目撃者が事件の一部始終を記憶しているもの、寝室に姿を現すもの、記憶喪失を伴うケース、テレパシーや自動書記によるものである。

4種類の接近遭遇

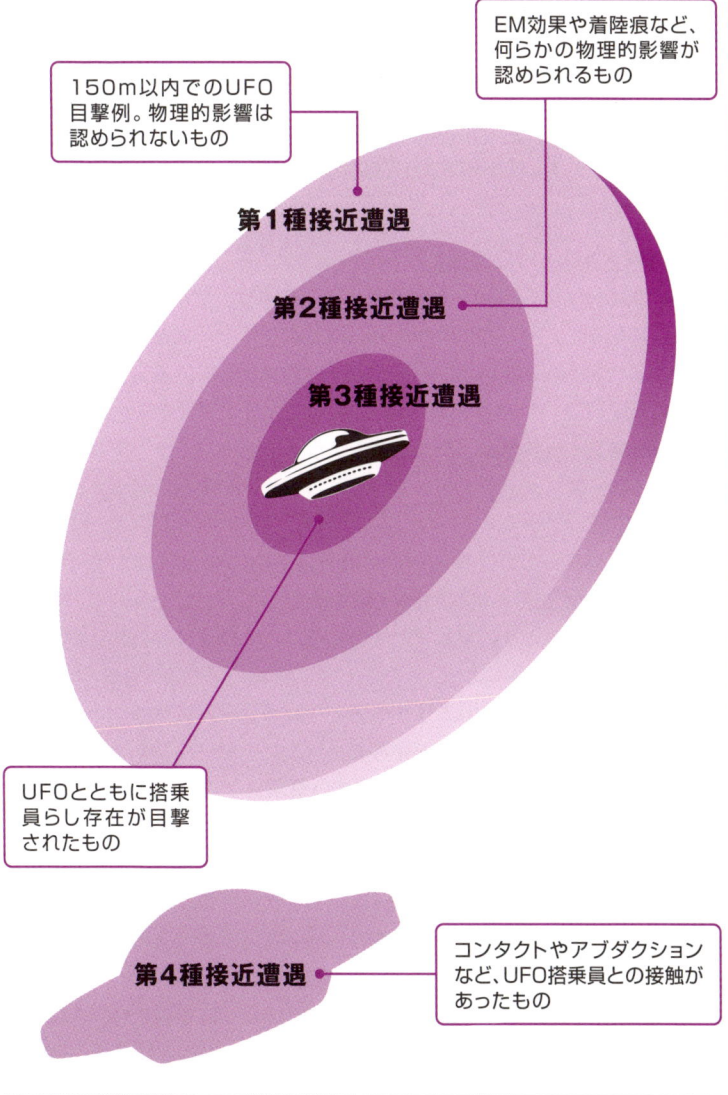

第2章 ●UFO基礎知識

No.041

150m以内でのUFO目撃例。物理的影響は認められないもの

EM効果や着陸痕など、何らかの物理的影響が認められるもの

第1種接近遭遇

第2種接近遭遇

第3種接近遭遇

UFOとともに搭乗員らし存在が目撃されたもの

第4種接近遭遇

コンタクトやアブダクションなど、UFO搭乗員との接触があったもの

関連項目

●J・アレン・ハイネック→No.079　　●アブダクション→No.054

No.042
コンタクティー
Contactees

コンタクティーとは、UFO搭乗員と友好的な接触を行ったと主張する人物のこと。テレパシーによってコンタクトしたという人物も含む。

●搭乗員との友好的な接触

　世界で最初に自らのコンタクトを公表したのは、アメリカの**ジョージ・アダムスキー**で、彼の著作がベストセラーになると、似たような体験をしたと主張するコンタクティーたちが続々と名乗りをあげるようになった。

　1950年代には、アダムスキーも加えて"5大コンタクティー"と呼ばれる**トルーマン・ベスラム、ダニエル・フライ、オーフィオ・アンジェルッツィ、ハワード・メンジャー**がそれぞれ自らのコンタクト・ストーリーを発表している。

　これらアメリカのコンタクティーたちは、UFO搭乗員は太陽系内の他の惑星から地球を訪れ、自分たちと連絡をとっていたと主張していた。しかし、こうしたコンタクティーたちの主張は、その後に行われた惑星探査の結果と相容れないものが多い。

　他国では、南アフリカの**エリザベス・クレアラー**が自らのコンタクトを公表。1970年代になると、スイスのビリー・マイヤーやフランスのクロード・ボリロンなど、ヨーロッパでも**UFO搭乗員**との接触を主張する者たちが現れた。さらには、搭乗員との物理的接触でなく、**ジョージ・ヴァン・タッセル**のようにテレパシーによって異星人や宇宙存在とコンタクトすると自称するコンタクティー（あるいはチャネラー）も世界中に現れた。

　こうしたコンタクティーたちが遭遇した搭乗員の多くは、地球人、それも白人にそっくりの姿形をしていることが多い。生物学的には、他の天体で独自に進化を遂げたはずの生物が地球人そっくりになるというのは考えにくい。ただし、**アブダクション**を行う**グレイ**と、友好的に接する地球人型搭乗員という図式は、フィクションとしては非常に受け入れやすいものではあるだろう。

5大コンタクティー

ジョージ・アダムスキー **世界初**

トルーマン・ベスラム

ダニエル・フライ

オーフィオ・アンジェルッツィ

ハワード・メンジャー

コンタクトとアブダクションの比較

コンタクト

- UFO搭乗員と友好的な接触
- 搭乗員の多くは、白人に似ている
- 地球の言葉を話すことが多い
- 人類の未来に対する警告や、搭乗員の故郷について話してくれることが多い

アブダクション

- アブダクティーの意思を無視して一方的に連れ去る
- 多くの場合グレイ・タイプの搭乗員
- 言葉による会話は稀
- UFO内部で医学的な検査をされ、精子や卵子を採取されることが多い

関連項目
- UFO搭乗員→No.050
- アブダクション→No.054

No.043
ジョージ・アダムスキー
George Adamski

アダムスキーは世界で最初にUFO搭乗員とのコンタクトを公表した人物として名高いが、彼の主張はその後の宇宙探査結果で完全否定された。

●アダムスキー型UFOの誕生

　アメリカのコンタクティー、ジョージ・アダムスキーは、独特の形をしたUFOを数回に及び目撃し、同乗したと主張している。

　アダムスキーによれば、最初に葉巻型母船を目撃したのは1946年10月9日のことで、1951年3月5日にその姿を写真に収めた。

　彼がカリフォルニアのモハーベ砂漠で初めて金星人オーソンと出会ったのが1952年11月20日であり、12月13日にUFOが再び現れた時に写真に撮影したという。

　通常アダムスキー型UFOと呼ばれるのは、後者の方で、アダムスキーはこれを偵察艇と呼んでいる。

　形状は、深皿をひっくり返したような底部に、いくつかの丸い窓を持つ低い円柱型のドーム部分が乗り、底部に球型の着陸装置を持つ。一方、円盤状の底部にドームの乗った形態のUFOすべてを、広い意味でアダムスキー型UFOと呼ぶこともある。

　アダムスキーが撮影したのと同じ形状のUFOは、その後世界各地から多数の目撃報告が寄せられている。イギリスのコニストンでは写真に撮影され、アメリカのロドファー夫人は8ミリ・フィルムに収めているが、いずれもトリックと判明している。

　アダムスキー自身が写した写真も、その後のコンピューター分析の結果釣り糸が見つかり、トリック写真と判定された。

　アメリカのUFO研究家**フランク・エドワーズ**の調査によれば、1937年に製造された缶型の真空掃除機の頭部であるという。他に、劇場用ランプ、孵卵器、たばこ入れなどの説がある。

アダムスキー型UFOの特徴

特徴
- 深皿をひっくり返したような底部
- 丸い窓を持った低い円柱型のドーム
- 底部に球型の着陸装置

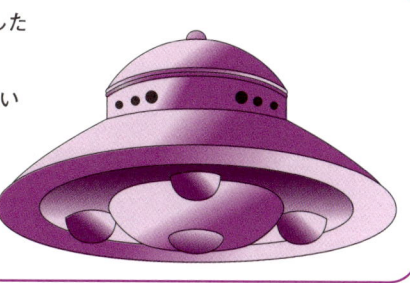

UFOとトリック写真

アダムスキーが写した写真はトリックだと判定された

コンピュータ分析の結果、釣り糸に繋がれていることがわかり、トリック写真だと判定された

本体は孵卵器だ！

本体は劇場用ランプだ！

本体はたばこ入れだ！

本体は1937年に製造された缶型の真空掃除機の頭部だ！

関連項目

- アダムスキー事件→No.007
- フランク・エドワーズ→No.073

No.044
オーフィオ・アンジェルッツィ
Orfeo Angelucci

彼が出会った搭乗員は、天使のような存在であると形容された。この事件は、ユングも心理投影説を主張するその著書で取り上げた。

●善良な人物が出会った存在

アンジェルッツィ（1912～1993）は、アメリカのコンタクティー。初期のコンタクティーの中でも、善良な人柄が評価されているが、本当にUFO搭乗員とコンタクトしたと信じていたようである。

彼が1955年に著した『空飛ぶ円盤の秘密』にはこう記されている。

1952年5月23日深夜、カリフォルニア州バーバンクにあるロッキード社の工場での勤務を終えて帰宅すべく、ロサンゼルス川沿いに車を運転してたところ、光る円盤に車を追跡された。彼が車を停めて外に出たところ、光に包まれた、別世界から来たと思われる男女に出会った。

2回目のコンタクトは1952年7月23日。アンジェルッツィはこの時、UFOがロサンゼルス川の乾いた河床に着陸するのを目撃した。UFOはイヌイットたちの半球型の住宅であるイルグンのような形で、半透明の材質からできていた。アンジェルッツィがUFOに乗り込むと、UFOは宇宙へと飛び立ち、透明な壁を透して地球を眺める経験をしたという。

さらに1953年1月には、アンジェルッツィは1週間記憶を失い、その間他の惑星へ精神的に連れて行かれた。そこで彼は、リラとオリオンという美しい異星の女性と出会ったという。アンジェルッツィによれば、彼がコンタクトした存在は、他の惑星に住んでいるが、天使のように高次の存在であり、彼らの姿もその乗り物も、選ばれた人間にしか見えないという。また、彼らは地球の現状を憂慮しているが、自ら直接干渉することはないという。また彼女らは、1986年に発生するであろう大災害を予言した。

アンジェルッツィは1959年にも『太陽の息子』という書物を著したが、彼の主張は心理学者のユングも注目し、その『空飛ぶ円盤』の中でこの事件を取り上げている。

空飛ぶ円盤の秘密による証言

1回目のコンタクト

1952年 5月23日深夜

工場からの帰宅途中で光る円盤に車を追跡される。その後、車を停めて、別世界から来たと思われる男女と遭遇する

2回目のコンタクト

1952年 7月23日

UFOがロサンゼルス川の乾いた河床に着陸するのを目撃。そのあとUFOに乗り込み、透明な壁を透して地球を眺めた

1953年のアブダクション

- 1週間記憶を失い、その間精神的に他の惑星に連れ去られた
- 天使のような高次の存在である美しい2体の女性と出会う
- 彼女たちは、1986年に発生するであろう大災害を予言した

関連項目

●コンタクティー→No.042　　●心理投影説→No.101

No.045
ダニエル・フライ

Daniel Fry

フライは5大コンタクティーの1人だが、他のコンタクティーと異なる科学分野の専門家であり、その主張は宇宙考古学の先駆けとなった。

●科学者のコンタクト

　ダニエル・フライ（1908〜1992）は、アメリカの5大コンタクティーの1人に数えられる。コンタクティーとしては珍しく科学技術的知識を有しており、コンタクト時には、ニューメキシコ州ホワイトサンズにあるアメリカ軍のロケット発射実験場に技師として勤務していた。

　1950年7月4日、実験場から町へ向かう最後のバスに乗り遅れたフライは、研究所に戻った。エアコンが故障して暑苦しかったので、午後9時頃、夜気にあたろうと散歩に出たという。実験場近くの砂漠を歩いていると、最大部で直径9mくらいの卵型をした物体に気づいた。近寄って手を触れてみたところ、表面の金属はすべすべしていて、砂漠の気温より少し暖かい気がした。すると、近くの中空から突然声が聞こえた。声はこう言った。
「友よ、手を触れない方がいい。まだ熱いからね」

　フライは驚いて後ずさりし、木の根につまづき転んでしまった。すると今度は笑い声が聞こえた。少し落ち着いた後、フライはこの声との対話を試み、その結果声の主はアランという名と判明した。アランの招きに応じてフライはUFOに乗り込み、ホワイトサンズから3000km以上も離れたニューヨークまで30分で往復したという。この飛行中アランは、何万年も前にアトランティスとレムリアの間で戦争が起こったため地球が壊滅状態となり、生き残った人間たちが宇宙船で地球から火星に移住したこと、そしてアランは火星に移住した民族の子孫で、地球から1500km上空に浮かぶ宇宙母艦の中にいることなどを語った。また、フライが乗船したUFOは母船から遠隔操作されている貨物船であった。

　ダニエル・フライは1964年にはUFOの写真も撮影し、1966年に『ホワイトサンズ事件』を著している。

搭乗員アランの正体

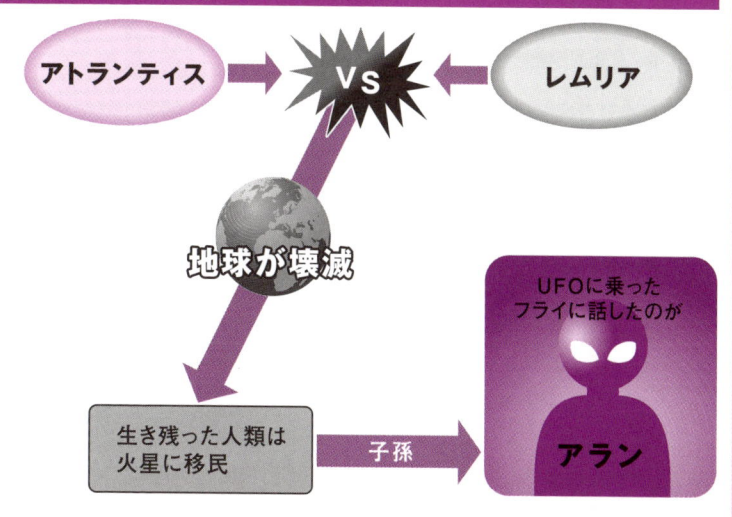

アトランティス → VS ← レムリア

地球が壊滅

生き残った人類は火星に移民 —子孫→ アラン

UFOに乗ったフライに話したのが

UFOの速度

- UFO：時速12000km/h
- コンコルド：時速約2448km/h
- 旅客機：時速約900km/h

3000kmを30分で往復するUFOは、コンコルドの約5倍の速さ（マッハ10）で移動した

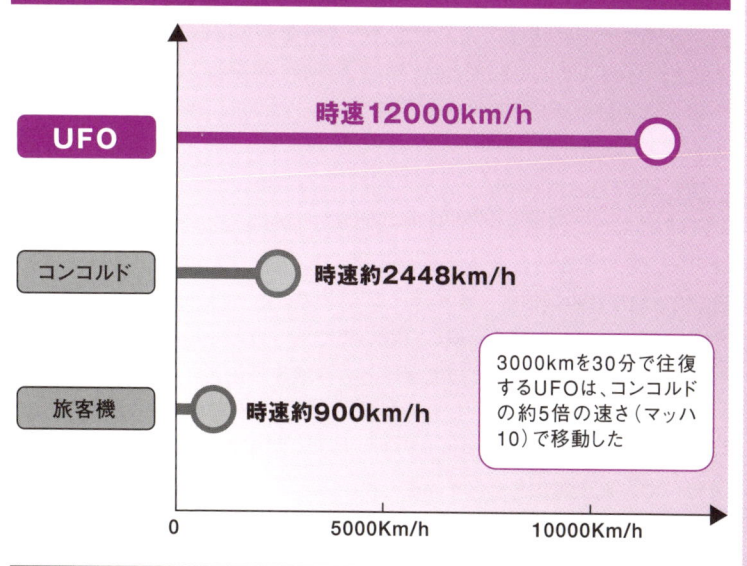

関連項目

●コンタクティー→No.042

No.046
トルーマン・ベスラム
Truman Bethurum

トルーマン・ベスラムがコンタクトした搭乗員は、太陽を挟んで地球の反対側にあるクラリオンという惑星から来たと述べた。

●謎の星クラリオン

　トルーマン・ベスラム（1898～1969）は、アメリカのコンタクティーで、**ジョージ・アダムスキー**とも友人であった。

　ベスラムは、中学を出て高校に数年通った後、機械修理工をして働いていたが、彼がUFO搭乗員とコンタクトしたのは1952年7月のことであった。このとき彼は、カリフォルニア州のモハーベ砂漠で、道路にアスファルトを敷く作業に従事していた。

　ある夜ベスラムは、自分が使っている器具の近くで寝ていたところ、話し声を聞いて目を覚ました。すると、身の丈が140cmから150cmくらいの8人から10人くらいの背の低い人によく似た搭乗員たちがいた。

　彼らは英語を話し、ベスラムを近くにあったUFOの中へ連れて行ったという。

　彼らのUFOは直径90m、高さ5.4mくらいの巨大なもので、ベスラムはUFOの内部で、指揮官に会いたいと訴えた。すると、身長150cmくらい、オリーヴ色の肌をした、スタイル抜群の美しい女性が現れた。この女性こそ、このUFOの指揮官、オーラ・レインズであった。彼女は、異常なくらい美しいほか、地球人と変わらない姿であったという。

　オーラ・レインズは、クラリオンという惑星の住人であった。

　クラリオンは、ちょうど地球の軌道の反対側に位置するため、太陽に隠されて地球からは見えないが、クラリオン人は何年も前から地球にやってきていて、地球人に混じって生活しているという。

　ベスラムは、その後10回オーラ・レインズと会ったという。オーラ・レインズは最後に、ベスラムとその友人をUFOに乗せることを約束したが、約束の時間にその場所に出かけても何も起きなかったという。

ベスラムのコンタクト

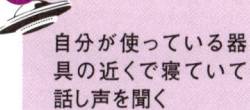

① 自分が使っている器具の近くで寝ていて話し声を聞く

→ **②** コンタクト　身の丈が140cm〜150cmの8人から10人の搭乗員たちがいた

③ ベスラムはUFOのなかに連れていかれ、指揮官に会いたいと訴えた

← **④** UFOの指揮官オーラ・レインズと出会い、その後も10回に渡り会見する

指揮官オーラ・レインズの特徴

特徴

- 身長150cmくらい
- 肌の色はオリーブ色
- 地球人と変わらない姿
- スタイル抜群
- 異常なくらい美しい

関連項目
● ジョージ・アダムスキー→No.043

No.047
ハワード・メンジャー
Howard Menger

彼がコンタクトした搭乗員も、アダムスキーの主張と同様、太陽系内の他の惑星から来たと述べ、アダムスキーとも知己であったという。

●初めて月を訪れた人物

　ハワード・メンジャー（1922〜）は、ニューヨークのブルックリン生まれで、アメリカ東部では最も有名なコンタクティーである。その後ニュージャージーに移住、高校卒業後はピカティー弾薬庫で弾薬担当及び監査係として働いていた。第二次世界大戦中は機甲部隊に所属して日本軍と戦ったこともあるという。1946年に除隊して、ニュージャージー州でメンジャー広告会社を設立していたが、1959年に『宇宙から君へ』という著書を著して異星人とのコンタクトを主張した。

　それによれば、異星人との最初のコンタクトは、1932年に森の中を歩いている時だった。この時、わずか10歳のメンジャーは、小川のほとりの岩の上に座っている、長い金髪を持つ少女と出会った。彼女は半透明のスキースーツを身につけ、「連絡をとろうとはるばるやって来た」と述べたという。そして1946年6月、衝動的に最初のコンタクトの場所へ戻ったメンジャーは、巨大なベル型のUFOが着陸するの目撃。UFOからは、2人のハンサムな宇宙人と一緒に、金属的な今風のデザインのスキースーツに身を包んだあの女性が歩み出してきた。宇宙人はUFOにメンジャーを乗せ、ドライブに連れ出した。

　以後メンジャーは金星や火星、木星、土星から来た異星人とコンタクトを続けたとも書いている。1956年8月には、彼らのガイドつきで月を観光、月面には大気があって呼吸できたといっている。そして、「あなたの正体は、人類に役立つ善なる行為をするため、地球上で生まれ変わった木星人であり、妻のコニーも金星人の生まれ変わりだ」と異星人から告げられたという。

　なお、1990年代になってメンジャーは、自分が出会った搭乗員は2012年に戻ってくると主張しはじめた。

ハワード・メンジャーの生涯

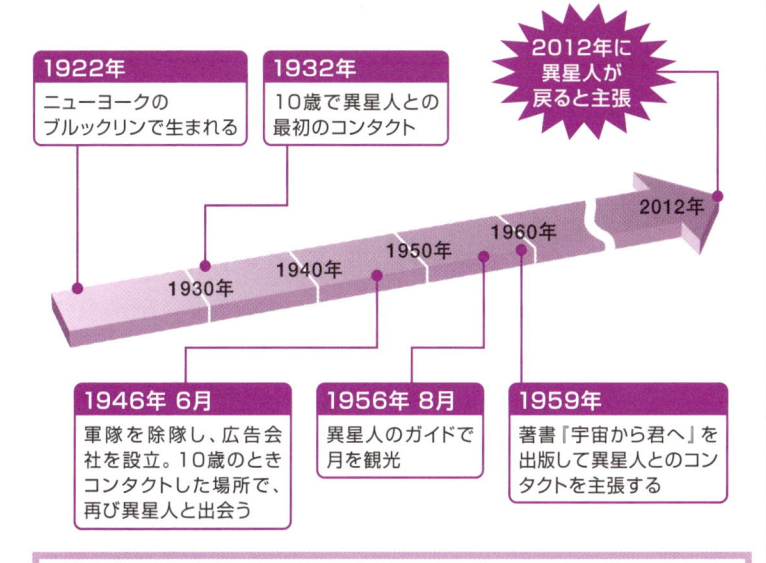

1922年
ニューヨークのブルックリンで生まれる

1932年
10歳で異星人との最初のコンタクト

2012年に異星人が戻ると主張

1930年 — 1940年 — 1950年 — 1960年 — 2012年

1946年 6月
軍隊を除隊し、広告会社を設立。10歳のときコンタクトした場所で、再び異星人と出会う

1956年 8月
異星人のガイドで月を観光

1959年
著書『宇宙から君へ』を出版して異星人とのコンタクトを主張する

✤ 2012年の奇妙な一致

　ハワード・メンジャーが出会った搭乗員は、2012年に戻ってくると述べたという。この2012年という年は、以下のマヤの予言などで、世界が滅びるなどといわれている年である。

●マヤの予言
　中米に栄えた古代文明のマヤの予言によれば、世界は過去3度滅びており、現在の世界は2012年に終わるとされている。

●伯家神道の予言
　伯家神道に伝わる予言によれば、神事を伝えられていない天皇の時代が100年続くと、日本という国体が滅びるという。その時期は2012年にあたる。

●ウィルコックの予言
　エドガー・ケイシーの生まれ変わりといわれるアメリカのデイヴィッド・ウィルコックは、2012年から人類がより高次元の存在にアセンション（次元転換）するという。

関連項目
●ジョージ・アダムスキー→No.043

No.047　第2章●UFO基礎知識

No.048
ジョージ・ヴァン・タッセル
George Van Tassel

タッセルのコンタクトのほとんどが、テレパシーによるものだった。彼に接触してきたのは、宇宙船の中に住む非物質的な人間たちであった。

●テレパシーによるコンタクト

　ジョージ・ヴァン・タッセル（1910～1978）は、アメリカの初期のコンタクティーの1人である。**ジョージ・アダムスキー**やジョージ・ハント・ウィリアムソン、それにイギリスのジョージ・キングと並び、4人のジョージの1人に数えられることもある。

　ヴァン・タッセルは高校卒業後、ダグラス社やヒューズ社、ロッキード社など、主要な航空機メーカーで機械工として働いていた。1947年になると、カリフォルニア州ジャイアント・ロックと呼ばれる高さ12mの巨大な岩の近くで、飛行場の跡地を借り受けると、滑走路が使えるように改修してカフェを経営するようになった。彼が最初にメッセージを受け取ったのは1951年のことで、彼はジャイアントロックの麓でトランス状態となり「7つの光評議会」のメンバーとコンタクトした。1953年の夏には、UFOの中に導かれて、内部を監察するという経験もしているが、彼のコンタクトは基本的にテレパシーによるものであった。

「7つの光評議会」とは、宇宙船の中に住む非物質的な人間たちのことで、彼にコンタクトしてきたのはこの評議会が支配する宇宙船の司令官アシューターであった。その後ヴァン・タッセルは、アシューターだけでなくザルトンやデスカなどという存在ともコンタクトするようになった。

　1954年になると、最初のUFO集会ともいうべきジャイアントロック・コンヴェンションを開催、5000人を越える参加者が集まった。以後コンヴェンションは、彼の死の直前である1977年まで毎年開催され、最盛期には1万人近くが集まった。当時ジャイアントロックは、UFO信者にとって一種の聖地となっており、ヴァン・タッセルは彼らにとって、面倒見のよいオヤジさんのような存在であった。

ヴァン・タッセルの生涯

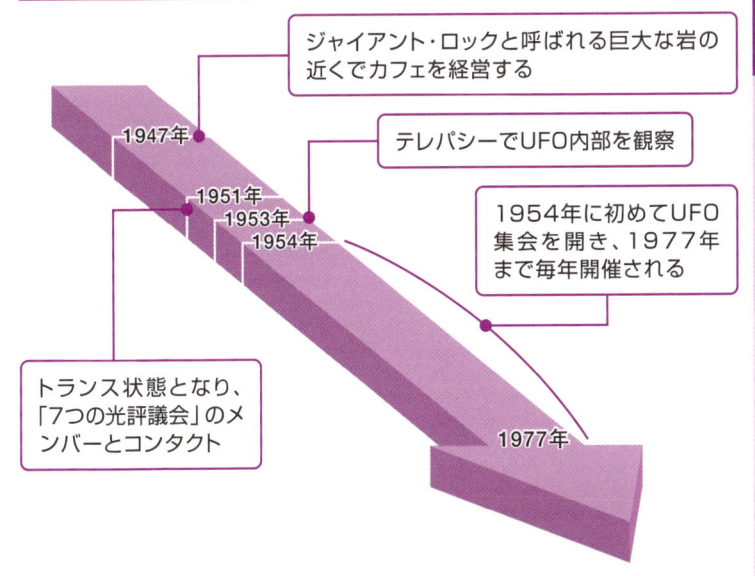

- 1947年: ジャイアント・ロックと呼ばれる巨大な岩の近くでカフェを経営する
- 1951年: テレパシーでUFO内部を観察
- 1953年: トランス状態となり、「7つの光評議会」のメンバーとコンタクト
- 1954年: 1954年に初めてUFO集会を開き、1977年まで毎年開催される
- 1977年

ヴァン・タッセルのコンタクト

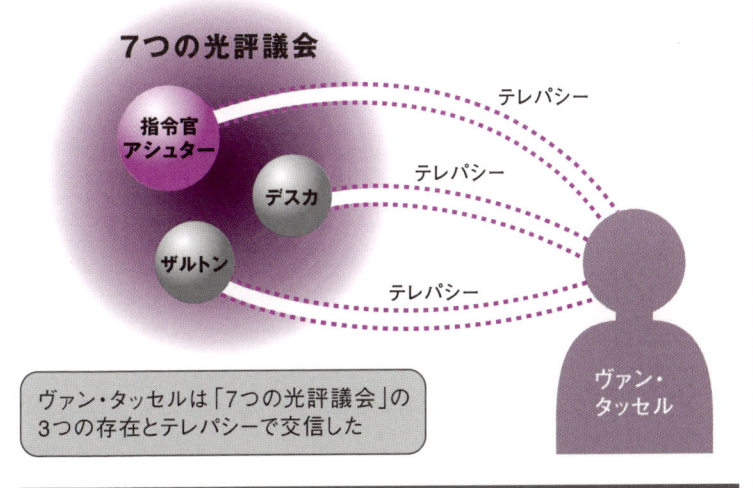

7つの光評議会
- 指令官アシュター
- デスカ
- ザルトン

↔ テレパシー ↔ ヴァン・タッセル

ヴァン・タッセルは「7つの光評議会」の3つの存在とテレパシーで交信した

関連項目
● ジョージ・アダムスキー → No.043

No.049
エリザベス・クレアラー
Elizabeth Klarer

初期の女性コンタクティー。彼女はハンサムなUFO搭乗員エイコンと恋に落ち、彼の星で異星人との混血児を産んだと主張している。

●異星人との混血

　クレアラー（1910～1994）は、南アフリカのコンタクティーで、女性としては初めてUFO搭乗員とのコンタクトを公表した人物。南アフリカのナタール州モーイ・リヴァーに生まれ、イギリスで気象学や音楽、軽飛行機の操縦を学んだ。

　平凡な主婦だったクレアラーの人生が変わるのは、**ジョージ・アダムスキー**の『空飛ぶ円盤実見記』や、『空飛ぶ円盤同乗記』を読んだことだった。これを読んで、突然に自らのUFO目撃体験を思い出したという。彼女によれば、最初にUFOを目撃したのは1917年10月のことで、地球に衝突しそうになった隕石の軌道をUFOが変えるのを妹とともに目撃したという。

　さらに1937年にも、軽飛行機でダーバンからバラグワーナスへ飛んでいた時、円型の物体を見たという。クレアラーはその後、エイコンという搭乗員からのテレパシーによる指示で、何枚ものUFOを撮影した。

　彼女が初めてエイコンの姿を見たのは、1954年12月27日のこと。この時、1917年に最初にUFOを目撃した丘まで走っていくと、上空の雲の中に明るい閃光が見え、UFOが降下してきた。物体は地面から3.6mほどの高さで降下を停止し、いったりきたりした。そのUFOは全体が平たく、巨大な皿の形で、幅約16.5mほどだった。UFOの3つの窓は彼女の方に向いており、その1つからハンサムなヒューマノイドが覗いていた。このヒューマノイドこそエイコンであった。1956年4月にはクレアラーはテレパシーでエイコンを呼び、彼のUFOに同乗して母船を訪れる。また、1957年になると、エイコンの故郷、ケンタウスル座アルファ星の惑星メトンを訪れたという。さらにクレアラーはそこでエイコンと性的関係を持って妊娠、アイリングという男児を出産したと述べている。

クレアラーのきっかけ

平凡な主婦 → ジョージ・アダムスキー作『**空飛ぶ円盤実見記**』と『**空飛ぶ円盤同乗記**』を読む → 女性初のコンタクティーとなる

クレアラーのコンタクト

❶ 1917年10月妹とUFOが地球と衝突しそうになる隕石の軌道を変えたのを目撃

❷ 1937年軽飛行機で飛行中に円型の物体を目撃。その後エイコンという搭乗員とテレパシーでコンタクト

❸ 1954年UFOを最初に目撃した場所で、UFOのなかからでてきたハンサムなヒューマノイド（エイコン）と遭遇する

❹ 1956年4月テレパシーでエイコンを呼び、UFOに同乗する

❺ 1957年エイコンの故郷ケンタウスル座アルファ星の惑星メトンを訪れる。そのあと、エイコンと性的関係を持ち、アイリングという男児を出産する

関連項目
● ジョージ・アダムスキー→No.043

No.050
UFO搭乗員
UFO Nauts

UFOの形態と同様、搭乗員も様々だ。アダムスキーが出会った人間そっくりの搭乗員から動物やロボットなど、その姿形は大きく異なる。

●UFOを駆る者

J・アレン・ハイネックの分類によれば、UFO目撃に伴ってその搭乗員が目撃される事例を第三種**接近遭遇**と呼ぶ。これまで報告された数多くの第三種接近遭遇の中で、UFO搭乗員の姿も様々に描写されている。

コンタクティーや**アブダクティー**の多くは、UFO**宇宙船説**にもとづいて、こうした搭乗員のことを宇宙人、あるいは異星人と呼ぶが、本書は、UFO宇宙人説を確定したものとみなしていないので、あくまでもUFO搭乗員と呼ぶことにする。

こうしたUFO搭乗員には様々なタイプがあり、その分類も一様ではない。

現在最も有名なのは、**グレイ**と呼ばれる背の低い、頭の大きな種類であるが、このタイプが確立されるのは1961年の**ヒル夫妻事件**以降とされている。

ヒル夫妻事件以前には、**ジョージ・アダムスキー**などのコンタクティーが、地球の北欧系人種のような、美男美女の搭乗員との会見を報告していたが、こうした搭乗員を特にノルディックと呼ぶこともある。

その他にも、身長が2mを超える巨人や、ロボットのような存在、怪物のようなものなど、搭乗員については様々なタイプがある。

こうした様々なカテゴリーをうまく分類することは難しいが、それでも何人かのUFO研究家はこの困難な事業に立ち向かっている。

たとえばアメリカのアルヴィン・ローソンはUFO搭乗員を人間型、ヒューマノイド、動物型、ロボット型、エクソティック型、幽霊型の6種類に分類している。

またこうした搭乗員の呼び名も様々で、エイリアンやUFOノーツなどその呼称は研究家の立場も反映する場合がある。

UFO搭乗員

UFO搭乗員は、宇宙船説を取るか、中立的な立場を取るかで様々に呼び名が変化する

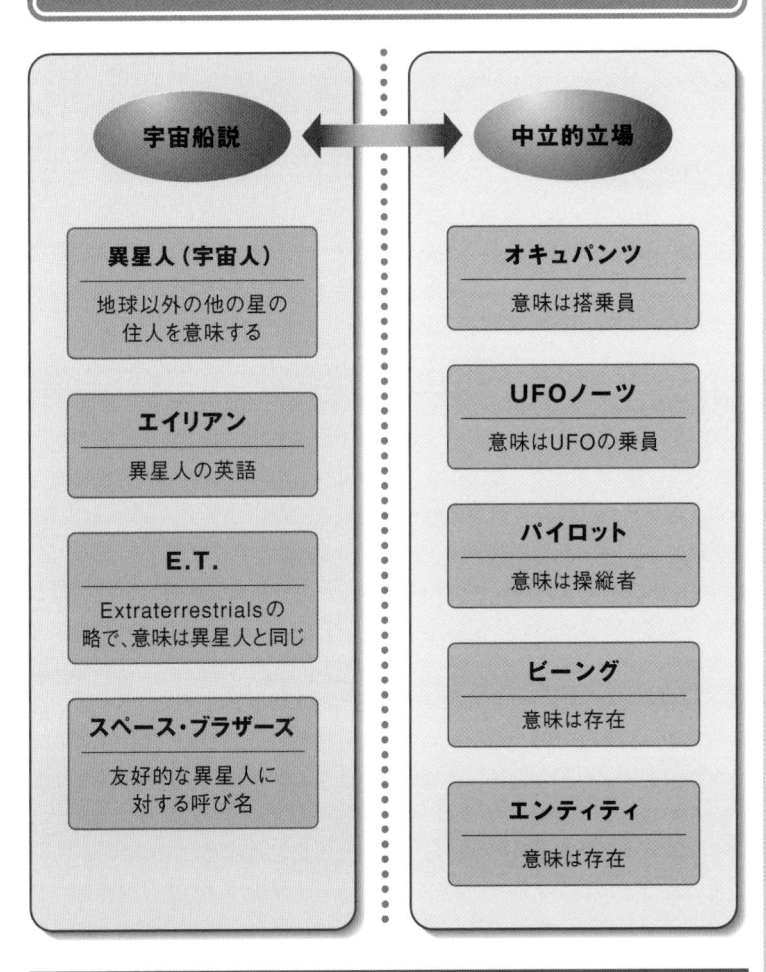

宇宙船説

異星人（宇宙人）
地球以外の他の星の住人を意味する

エイリアン
異星人の英語

E.T.
Extraterrestrialsの略で、意味は異星人と同じ

スペース・ブラザーズ
友好的な異星人に対する呼び名

中立的立場

オキュパンツ
意味は搭乗員

UFOノーツ
意味はUFOの乗員

パイロット
意味は操縦者

ビーング
意味は存在

エンティティ
意味は存在

関連項目
- ヒル夫妻事件→No.014
- コンタクティー→No.042
- グレイ→No.051
- 接近遭遇→No.041
- ジョージ・アダムスキー→No.043
- J・アレン・ハイネック→No.079

No.051
グレイ
Grays

グレイと呼ばれる搭乗員は、今やもっともポピュラーな形態として認知され、世界中で目撃されるようになっている。

●代表的な搭乗員

現在、もっともよく知られる典型的なUFO搭乗員の1つ。多くの**アブダクション**事件に登場することから、アメリカ政府がグレイと密約を結んで、彼らがアブダクションや**キャトル・ミューティレーション**を行うことを黙認しているという主張もある。身長は1mから1.2mくらいで髪の毛のない大きな頭ときゃしゃな身体をしている。皮膚の色が灰色であるためグレイと仇名されている。

目は白目の部分がなくて大きく、つり上がった形をしており、鼻や耳は穴だけで耳たぶはなく、口も1本の線のような形で唇はない。手足は細く、指は4本。グレイは**レチクル座ゼータ星**から地球に飛来するといわれるが、レチクル人とグレイとは違うとする意見もある。

この種のUFO搭乗員については、1961年の**ヒル夫妻事件**で最初に報告されている。身長1.5mくらい、大きくて平たい丸顔で髪の毛はなく、大きなつり上がった目をしている。口は切れ目のようで唇はなく、鼻や耳はほとんど穴だけ、肌の色は灰色という基本的な特徴が証言されている。ただしヒル夫妻事件でベティ・ヒルが描いた似顔絵では、目の中に白目の部分と瞳の部分とが描き分けられていた。また、グレイがレチクル座ゼータ星から来るという説も、ベティ・ヒルが描いた天体図から、ヒル夫妻をアブダクションした搭乗員がこの星から来たと信じられたことによる。

その後**ウォルトン事件**やベティ・アンドレアソン事件など、何件ものアブダクション事件で類似の搭乗員の証言が蓄積され、次第に現在受け入れられているグレイの形態が確立されていくことになる。一方、グレイの典型的特徴である大きな頭とつり上がった大きな目を持つ人物像は、ムンクの「叫び」の他、古代の伝承などにもしばしば見られるという指摘もある。

グレイ誕生の流れ

```
        ヒル夫妻事件
   ┌────────┼────────┐
アブダクション       アブダクション
                    ベティ・
ウォルトン事件      アンドレアソン事件
        ↓
       グレイ
```

数多くのアブダクション事件の証言によってグレイと呼ばれる搭乗員が生まれた

グレイの特徴

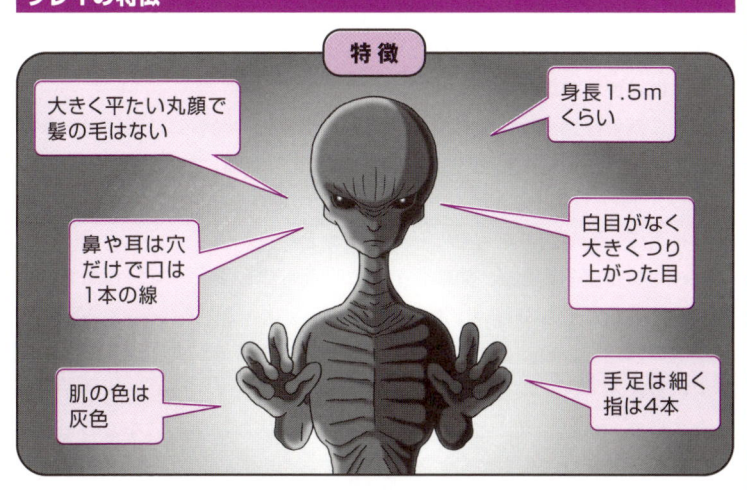

特徴

- 大きく平たい丸顔で髪の毛はない
- 身長1.5mくらい
- 鼻や耳は穴だけで口は1本の線
- 白目がなく大きくつり上がった目
- 肌の色は灰色
- 手足は細く指は4本

関連項目
- ヒル夫妻事件→No.014
- アブダクション→No.054
- レクチル座ゼータ星→No.060
- UFO搭乗員→No.050
- キャトルミューティレーション→No.056

No.052
うつろ舟の蛮女
Woman in Utsuro-Bune

江戸時代の日本の文書に、UFOらしき物体の目撃記録が残されている。物体の中には、異国の人間と思われる美しい女性が乗っていた。

●日本の記録に残る第三種接近遭遇？

うつろ舟とは、享和3（1803）年、現在の茨城県にある小笠原越中守の領地「はらやどり浜」に漂着した円型の物体で、その形は現在のUFOにそっくりである。そこでこの事件は、江戸時代におけるUFOとの遭遇事件ではないかともいわれている。

滝沢馬琴らが著した『兎園小説』の記述によれば、享和3年2月22日、漁師たちが「はらやどり浜」の沖に不思議な物体を見つけ、小船を出して浜辺まで曳いてきた。

物体は、直径4.6mほどの丸い形をしており、上部にはガラスが貼ってあり、中の模様を窺うことができた。人々がガラスから中を覗いてみると、内部には異国風の洋装をした美しい女性が1人いた。

現代に残る絵図では、女性は髪と眉が赤く、頭の後ろには長い髪を糸状にして垂らしており、紺色の衣服を身につけて描かれている。

うつろ舟の外に出てきても言葉は通じず、長さ60cmほどの箱を大事そうに抱えて、漁師たちを寄せつけなかったという。

舟の中には敷物が2枚、他に菓子のようなものもあり、見知らぬ文字のようなものがたくさん書いてあった。

土地の古老によれば、以前にも不義を働いた異国の王女が、異国の舟で愛人の首とともに流れ着いたことがあり、この女もイギリスかアメリカの王女ではないかということで、結局漁師たちは関わりあいになるのを恐れ、女性をもう一度舟に戻して沖に流してしまった。

ただし、この「はらやどり浜」という場所は現実に確認されておらず、この話自体創作ではないかとの説も強い。

『兎園小説』の記述

① 目撃!!
漁師たちが「はらやどり浜」の沖に不思議な物体を見つける

② 小船を出して、物体を浜辺に曳いてくる

③ コンタクト
ガラスからなかを覗くと異国風の1人の女性を見つける

④ どこかの国の王女かもしれないが、関わりあいを避け、沖に戻す

蛮女の特徴

- 髪と眉が赤い
- 頭の後ろには長い髪を垂らす
- 衣服は紺色
- 言葉は通じない
- 長さ60cmの箱を大事に抱える

No.053
異星人解剖フィルム
Alien Autopsy Film

ロズウェル事件で回収された異星人の遺体解剖の模様を収めたというフィルム。公開当時は反響を呼んだが、現在は作り物とされている。

●疑惑の捏造フィルム

ロズウェル事件の際に回収された異星人が解剖される模様を収めたとされるフィルム。最初に公開されたのは、1995年であった。ロンドンの音楽プロデューサーのレイ・サンティリが元アメリカ空軍所属のカメラマンから入手したと主張したことから、サンティリ・フィルムとも呼ばれた。

サンティリが主張するところでは、このフィルムを撮影したカメラマンはジャック・バーネットという人物で、バーネットは軍から、ソコロの南西方向に正体不明の航空機が墜落したので急行し、すべての光景をフィルムに収めるよう電話で命令されたという。

彼が空軍機を乗り継いで墜落現場に急行したところ、異星人4人のうち3人がロープで縛られ、他の1人は死んでいた。UFOの機体の分析は基地に運んで行われることになり、トレーラーに乗せられてライトパターソン基地へと輸送された。バーネットもライトパターソン基地に3週間滞在した。

最初の2体の異星人の解剖は1947年7月に行われたという。

フィルムが公開された当初は世界的な反響を呼び、日本でも1996年2月2日に特別番組が放映されたが、ロズウェルで目撃された異星人の遺体は手の指が4本であったのにフィルムの異星人は6本あること、フィルムに写る金属片の模様が、ロズウェル関係者の証言と異なること、さらに解剖や撮影の手順に不自然な点があることなどから、現在は偽物とされている。

実際、このフィルムに付属するテントフッテージと呼ばれる部分で医師を演じているエリオット・ウィリスは、フィルムは1994年に制作されたと証言している。また、2006年になって、映画の特殊美術などを手がける彫刻家ジョン・ハンフリーが、制作者は自分だと名乗り出た。

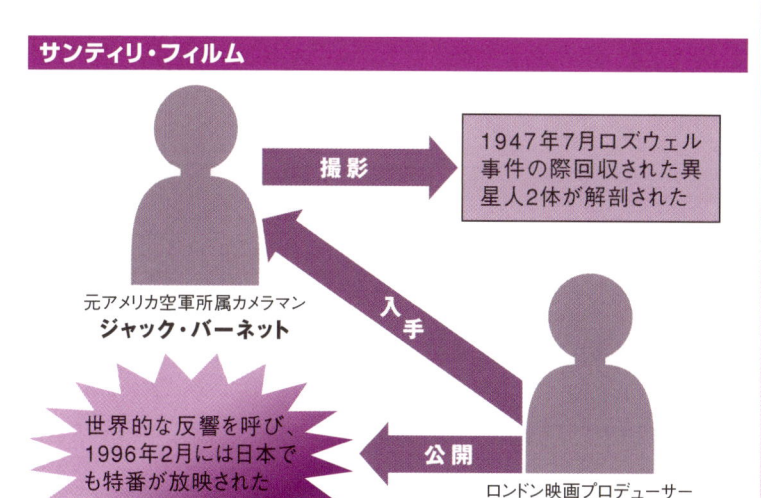

サンティリ・フィルム

元アメリカ空軍所属カメラマン
ジャック・バーネット

撮影 →

1947年7月ロズウェル事件の際回収された異星人2体が解剖された

入手

ロンドン映画プロデューサー
レイ・サンティリ

公開 →

世界的な反響を呼び、1996年2月には日本でも特番が放映された

ねつ造の根拠

サンティリフィルム

- 撮影の手順に不自然な点がある
- 異星人の指が6本（通説は4本）
- 映っている金属片の模様が関係者の証言と異なる
- 彫刻家ジョン・ハンフリーが異星人は自分が作ったものだと証言
- エリオット・ウィリスが、フィルムは1994年に制作されたものと証言

関連項目
●ロズウェル事件→No.002

No.053 第2章●UFO基礎知識

No.054
アブダクション
Abduction

UFO搭乗員が人間をさらい、その意思に反してUFO内に連れ込んだり、他の天体に連れていったりする現象。

●UFO搭乗員による拉致事件

アブダクションとは、英語で「誘拐」を意味する言葉だが、UFO研究においては、**UFO搭乗員**による誘拐事件、あるいはそうした誘拐を体験したと信じる現象を指す。最初に報告されたのは、1961年の**ヒル夫妻事件**だが、時期的には**ヴィリャス=ボアス事件**が先行している。

多くの場合アブダクションは、自宅にいる時や自動車を運転している時に起こり、時間帯としては夜間や明け方が多い。

アブダクションの経験者をアブダクティーあるいはエクスペリエンサーと呼ぶ。彼らは空中を浮いてUFO内に連れ込まれることが多く、その際壁を抜けるなどの体験をすることもある。搭乗員の生体実験台にされたり、妊娠させられた上に胎児を奪い取られたという主張もある。

UFOの内部では、搭乗員らしき存在から様々な医学的検査を受けることが通例で、終了後に無事戻されても、アブダクションの経験を覚えていることはない。記憶のない時間経過に気づいたり、のちに心理的不調を訴え、催眠治療を受けた結果、アブダクション経験を思い出す場合が多い。

1991年に、バド・ホプキンズとデヴィッド・ジェイコブズの協力で、アメリカの世論調査機関が行った調査では、調査対象の2%が潜在的アブダクティーの可能性があるとの結果になった。この割合を当時のアメリカ全土の人口にあてはめると、370万人が潜在的アブダクティーの可能性があるということになる。他方、誘拐が現実に起きたことを証明する物的証拠はなく、当事者以外がアブダクションの現場を目撃したという信頼できる証言もない。またアブダクション体験の内容には、古くからの民間伝承やSF小説に類似点が見られるとの指摘もある。心理学的立場から出産外傷の追体験とする説もある。

アブダクションの定義

- UFO搭乗員による誘拐
- 誘拐を体験したと信じる現象

→ アブダクション

アブダクションの基本的な流れ

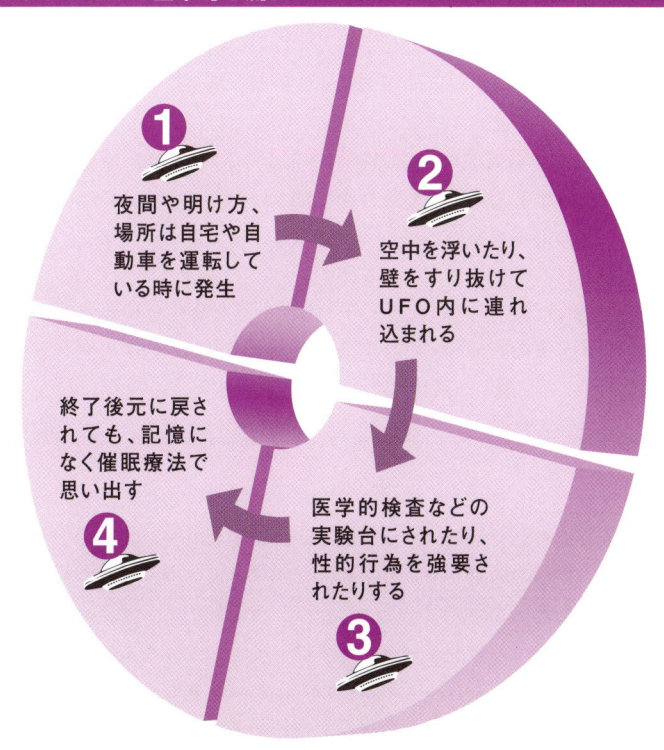

① 夜間や明け方、場所は自宅や自動車を運転している時に発生

② 空中を浮いたり、壁をすり抜けてUFO内に連れ込まれる

③ 医学的検査などの実験台にされたり、性的行為を強要されたりする

④ 終了後元に戻されても、記憶になく催眠療法で思い出す

関連項目
- ヴィリャス・ボアス事件→No.010
- ヒル夫妻事件→No.014

No.055
インプラント
Implants

アブダクティーが体内に小さな物体を挿入されたとする事件をインプラント・ケースと呼ぶ。物体が地球外のものと証明された例はない。

●人体に埋め込まれた物体

　アブダクティーの中には、UFO内で何らかの検査を受けているうち、体内に何らかの小物体を挿入される経験をする者がいる。このように**アブダクション**の最中に体内に物体を挿入される事例をインプラント・ケースと呼ぶ。物体が挿入される場所は頭が多いが、腕や足などの場合もある。

　インプラントを受けたアブダクティーの多くは、人間が野生動物の行動を追跡するため発信機などをとりつけるように、UFO搭乗員が自分たちを監視、追跡するために埋め込むのではないかと述べている。

　また、何の傷跡もないのに、朝目覚めると皮膚の下に異物があったという例も報告されている。

　UFO搭乗員がアブダクティーの体内に小さな物体を移植するという証言は、アメリカのジョン・ホッジスが1978年に2回目のアブダクションを経験した際、6本指の人間に似た生物から聞かされている。

　ホッジスによれば、彼らは人間の精神的な能力を高めるために物体を移植しているという。

　インプラントを受けたと主張するアブダクティーの体内から、何らかの物体が取り出された例はいくつもあるが、いずれも機械装置のようなものではなく、繊維の固まりやガラス片などがほとんどで、いずれも地球外の起源を示す証拠はない。

　一方、アメリカのロジャー・レイアは、こうした体内に埋め込まれた物体の摘出手術を何度も行っている。彼によれば、複数のアブダクティーの体内から同じ物体が見つかった事例が何件かあり、中には隕石のような金属が出てきた例もあるという。

インプラントとは

アブダクション

- 性的行為の強要
- 生体実験
  - インプラント

インプラントは主として生体実験の一部として行われる

取り出された物体は

取り出す →
- ○ 繊維の固まり
- ○ ガラス片
- × 機械装置

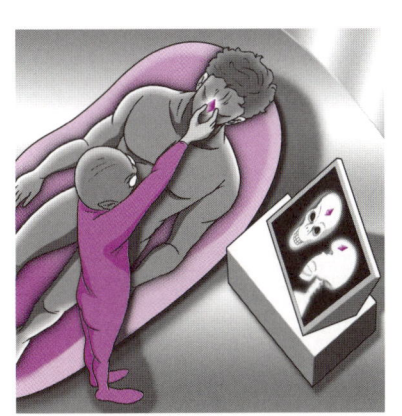

その結果

地球外の起源を示すものが取り出された報告はない

関連項目

●アブダクション→No.054

No.056
キャトル・ミューティレーション
Animal Mutilations

主としてアメリカで報告される家畜の奇妙な殺害事件がキャトル・ミューティレーションと呼ばれている。

●異星人による屠殺?

1973年以来、アメリカで報告されている家畜、特に牛の奇怪な殺害事件のことで、アメリカではアニマル・ミューティレーションという呼び名の方が一般的。また、英語ではミューツと略称されることもある。キャトル・ミューティレーションの被害にあった家畜の死骸は、血液が全部抜き取られている、内臓、生殖器などが失われており、その切り口はレーザーやメスでも用いたかのように鋭く、しかも周囲に人の足跡はない、などの特徴がある。時には、上空から墜落したかのように脚が折れている事例もある。

最初の事件は、幽霊飛行船の目撃が相次いだ1897年、カンザスの牧場主アレキサンダー・ハミルトンの牝牛を、謎の飛行船がロープでつり上げたという報道だったが、本件はマスコミの捏造と判明している。やはり1973年の春、ミネソタやサウスダコタなど中西部の州で、家畜が不思議な死に方をしていると散発的に報告されたのが、キャトル・ミューティレーションの最初であろう。

1974年になると報告が急激に増加し、カルト的な宗教団体や魔術結社の仕業、軍などの国家機関による**陰謀説**と並んで**UFO搭乗員**によるとする説もある。他に特殊なものとしてプラズマ説もある。

一方、元FBI捜査官のケネス・ロンメル・ジュニアは、キャトル・ミューティレーションにより多数の家畜が犠牲となったという報告が寄せられているにもかかわらず、それ以前からの年間の牛の死亡件数に変化がなかったことを指摘。また牛の死体を実際に放置するという実験を行った。すると血液は流れ去ってしまい、鳥や動物が死体を齧った跡は、キャトル・ミューティレーションで報告されたとの同様であったと主張し、キャトル・ミューティレーションなる特別な現象そのものを否定している。

キャトル・ミューティレーションの症状

- 血液が全部抜き取られている
- 内臓や生殖器が取り去れている
- 切り口はレーザーかメスで切ったように鋭い
- 上空から墜落したように、脚が折れている

キャトル・ミューティレーションの原因は？

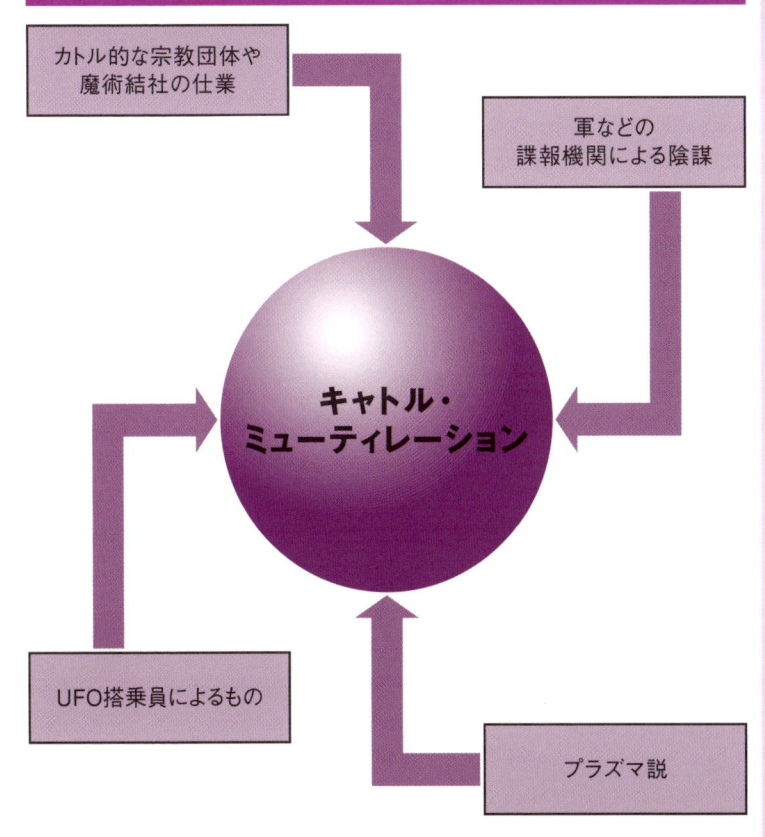

- カトル的な宗教団体や魔術結社の仕業
- 軍などの諜報機関による陰謀
- UFO搭乗員によるもの
- プラズマ説

→ キャトル・ミューティレーション

関連項目

- チュパカブラス→No.068

No.057
EM効果
E-M Effects

UFO目撃時、近くにある機械装置が異常をきたしたり、人体が何らかの影響を受けることがある。類似の影響が多くの事件で報告されている。

●UFOが及ぼす様々な影響

　UFO目撃に伴って、周囲の機械装置などに生じる様々な物理的影響のことをEM効果と呼ぶ。

　EM効果の代表的なものは、自動車のエンジンやヘッドライトが不調になるというものだが、それ以外にも人体への影響や、周辺の事物に対する影響もEM効果に含まれる。

　UFOの接近に伴い、自動車など乗り物のエンジンがストップしたり、ヘッドライトが消えるという現象は多くの報告がある。1957年の**ヴィリャス＝ボアス事件**でも、UFOが前方に着陸すると、ヴィリャス＝ボアスの乗るトラクターのエンジンが停止した。また**テヘラン追跡事件**では、UFOに近づいた戦闘機の機器が作動しなくなった。

　周辺の物体に対する影響としては、1957年にフランスのヴァンで起きた事件で、道路標識が磁気を帯びたという例がある。また、1965年のヴァレンソール事件では、UFOが着陸した畑でラヴェンダーが育たなくなったといわれている。

　1957年のブラジルで発生したイタイプ要塞事件では、UFOの出現により基地全体が停電したばかりか、基地の警備員2名が熱波のため、重度の火傷を負っている。

　こうしたEM効果は、UFOの動力源にも関係するとされるが、詳しい原因は不明である。

　強力な磁気による作用とも考えられるが、自動車のエンジンや電気系統に影響を及ぼすほど強力な磁場にさらされれば、ボンネットなどの製造の過程で刻まれた磁気パターンに変化があるはずである。しかし、検証の結果そのような現象は確認されていない。

EM効果とは

UFO目撃！ → 周辺の機械装置などに生じる様々な物理的影響

4つの代表例

1957年のヴァリス＝ボアス事件のトラクターやイタリアのフォルリで発生した事件など多数の例がある。またディーゼル車は通常通り作動したという報告もある

自動車のエンジン停止

1976年のテヘラン追跡事件では、UFOに接近した戦闘機の通信機器や武器管制システムが正常に作動しなかった

機械故障

停電

1957年のブラジルのイタイプ駐屯地で発生した事件では、UFOが目撃された際には基地全体が停電した。また1965年のアメリカ大停電もUFOの仕業とする説もある

人体への影響

上と同じ1957年のブラジルのイタイプ要塞事件では、UFOを目撃した警備員2名が火傷をして、治療を受けたという

関連項目

●ヴィリャス・ボアス事件→No.010　　●テヘラン追跡事件→No.025

No.058
ウェイヴ
Waves

一定の期間、特定の地域で普段よりUFO目撃報告が増加する現象。コンセントレーション、フラップなどの呼び名が併用されたこともある。

●一時的な目撃集中

特定の地域で、ある一定の期間、UFO目撃報告が普段より増加する現象をウェイヴという。特定の期間だけ報告数が増加した後、通常のレベルに戻るのが普通である。

同様の現象に対し、フラップやコンセントレーションという言葉が用いられたこともある。これらは厳密にいうと異なる概念であるが、現在ではほとんど区別しないで用いられている。

UFOの歴史上、最初のウェイヴと考えられているのは、1896年11月からアメリカではじまった**幽霊飛行船**の集中目撃で、この目撃はその後カナダの一部やスウェーデン、ノルウェー、ロシアにも拡大した。

続いて、第二次世界大戦末期の**フー・ファイター**の目撃集中、1946年に北欧で発生した**幽霊(ゴースト)ロケット**の目撃などが初期のウェイヴと考えられている。**アーノルド事件**の発生した1947年には、アメリカ全土で新たなウェイヴが発生した。

シカゴ大学の統計学者デイヴィッド・R・サンダースは、過去4万件以上のUFO事件をコンピューターに入力してこの現象を分析した。結果、ウェイヴには真正のウェイヴと擬似ウェイヴがあり、真正のウェイヴのピークは61ヶ月ごとに発生するとしている。

サンダースによれば、真正のウェイヴは1952年7月のアメリカ、1957年8月の南米、1967年9月の大西洋中央部、1967年10月のイギリス、1972年11月の南アフリカなどであるが、このほかにもフランスでは1954年にウェイヴが発生したといわれている。

また**ロレンゼン夫妻**は、火星の接近周期とウェイヴの関係を唱えたこともある。

歴史上のUFOウェイヴ

ウェイヴ

アメリカ等
1897年まで。幽霊飛行船の集中目撃

1896

北欧等
1948年まで。ゴーストロケットの集中目撃

アメリカ
アーノルド事件をはじめとする多くの目撃報告あり

1946
1947

アメリカ
ワシントン上空UFO事件などが発生

フランス
1954まで。フランスを中心にUFOの目撃事件が多発

1952
1953

南米
ヴィリャス＝ボアス事件をはじめ事件が多発

1957

大西洋、イギリスほか
多くの目撃情報。同時期アメリカではモスマン事件が発生

1967

南アフリカ
デヴィッド・ソーンダースの説によるもの

アメリカ
1974年まで。パスカーグラ事件が発生

1972
1973

メキシコ
1994年まで。メキシコでUFOの目撃が多発

1989

ベルギーなど
1990年まで。三角形のUFOの目撃が多発

1992

関連項目
- アーノルド事件→No.001
- 幽霊ロケット→No.039
- フー・ファイター→No.038
- 幽霊飛行船→No.037

No.058 第2章●UFO基礎知識

No.059
MIB
Men in Black

MIBは、黒衣の男たちと訳される。UFO研究家やUFO目撃者の前に突然現れ、自分たちの体験談を口外しないよう求める謎の人物である。

●正体不明の男たち

MIBは、英語のMen in Blackの略で、日本では「黒衣の男たち」と訳される。

UFO研究家やUFO目撃者の前にどこからともなく現れる男たちで、その服装が必ずといってよいほど、黒いスーツに黒い帽子、黒いネクタイに黒い靴と黒い靴下といういでたち（シャツだけは白い）なので、**ジョン・キール**が彼らをMIBと呼びはじめた。

年式の古い黒塗りの大型車に乗って現れることが多く、研究家や目撃者に対しては、その研究成果や目撃談を公表しないよう求めるのが常である。時には、研究家や目撃者本人しか知らないはずのことを口にしたり、目撃者が他の誰にも体験を公表していない段階で現れたりもする。

彼らはたいてい笑顔1つ見せずに無表情で、動きは硬くぎこちない。態度は形式的で冷たく、時には威嚇的で、目撃者の中には人間とは別の存在と感じた者もいる。

容貌については、漠然と外国人のようだと形容されることが多いが、東洋人のように目がつり上がっているという報告も多い。

MIBの最初の記録は1953年になる。当時「国際空飛ぶ円盤事務所」を主催していたアルバート・ベンダーの前に、ダークスーツに身を包んだ3人の謎の男が現れたとされている。ベンダーがめまいに襲われて室内で横になっていたところ、突然ぼんやりした人影が現れ、次第に鮮明になっていき、黒づくめの3人の男の姿になったと主張した。しかし、現在ではこの体験については疑問が持たれている。

MIBの正体についてはCIAなど情報機関のエージェント、異星人など諸説あるが、中には霊的存在ではないかとする説もある。

MIBの特徴

容姿

- 服装は全身黒ずくめ
- シャツだけは白い
- 笑顔はなく無表情
- 外国人のような雰囲気
- 目がつり上がっている

行動

- 年式の古い黒塗りの大型に乗って行動する
- 研究家や目撃者の前に現れ、口止めする
- 形式的で冷たく、時には威嚇的に行動する

MIBの正体は？

- CIAなど情報機関のエージェントだ！
- 異星人だ！
- 霊的存在だ！

MIB

関連項目

- ジョン・キール→No.075
- 陰謀説→No.098

No.060
レチクル座ゼータ星
Zeta Reticuli

ヒル夫妻事件の際、夫人が描いた宇宙図から、夫妻を誘拐したUFOの搭乗員はレチクル座ゼータ星から来たと信じられるようになった。

●ベティ・ヒルの天体図の謎

　レチクル座は、大マゼラン星雲の近くに見える南半球の小さな星座で、フランスのニコラス・ルイ・ラカイユが1752年に定めた。レチクルとは望遠鏡の視野に見える十文字の網状の目盛を意味する。レチクル座のゼータ星は太陽から37光年の位置にある二重星で、一般向けのUFO関連出版物では、英語の音訳でゼータ・レティキュリと表記されることも多い。

　1961年の**ヒル夫妻事件**の際に、夫人のベティ・ヒルが、搭乗員のリーダーからテレパシーで天体図の情報を得て、後に催眠状態でこの天体図を描いたとされている。

　小学校教師のマージョリー・フィッシュは1968年以来自宅の一室にビーズを吊るして、太陽から65光年以内にある恒星の位置関係を立体的に再現し、これをあらゆる角度から観測して、ベティ・ヒルの描いた天体図と比較、研究した。その結果フィッシュは、1973年になってヒル夫妻を誘拐した搭乗員はレチクル座のゼータ星から来たと特定した。

　この恒星系の異星人はレティキュリアンと呼ばれ、フィッシュの研究結果が発表されて以来、レチクル座ゼータ星から来たという**UFO搭乗員**とコンタクトしたと主張する人物が何人も現れた。以来、レチクル座ゼータ星はUFO発進場所の1つと信じられるようになった。

　マージョリー・フィッシュ以外にも、アマチュア天文学者のチャールズ・W・アッターバーグが同様の調査を行ったが、アッターバーグはフィッシュと異なり、インディアン座のイプシロン星こそ、ヒル夫妻を**アブダクション**した搭乗員の出身地だとしている。

　また、**エリア51**で密かに開発中のUFOも、この星から来た異星人のテクノロジーを利用したものとされる。

レクチル座ゼータ星の根拠

ヒル夫妻事件
夫人のベティ・ヒルが搭乗員からテレパシーで天体図の情報を得て、催眠状態のなかで天体図を描き出した

ヒル夫妻

↑ 検証

マージョリー・フィッシュがベティ・ヒルの天体図を元に研究し、搭乗員たちがレクチル座ゼータ星から来たと特定した

→ 公表 → レクチル座ゼータ星からきた搭乗員とコンタクトしたという証言が増大

↓

UFO発進場所がレクチル座ゼータ星だと信じられるようになる

2つの研究結果

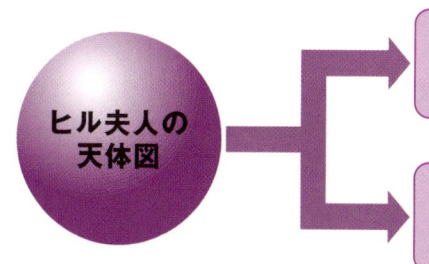

ヒル夫人の天体図

→ **レクチル座 ゼータ星**
小学校教師
マージョリー・フィッシュ

→ **インディアン座 イプシロン星**
アマチュア天文学者
チャールズ・W・アッターバーグ

関連項目
- ヒル夫妻事件→No.014
- アブダクション→No.054
- エリア51事件→No.029

No.061
第18番格納庫
The Hangar 18

アメリカ政府が、回収したUFOや異星人の遺体を隠匿しているという陰謀説の中でしばしば言及された施設が第18番格納庫である。

●エリア51の原型

アメリカ政府が密かに墜落したUFOや、その搭乗員の遺体を回収しているという説は、フランク・スカリーが1950年に発表した『UFOの内幕』以来根強く残っている。ライトパターソン空軍基地にあるという第18番格納庫の噂も、こうした**陰謀説**に絡んで浮上したものである。

オハイオ州デイトンにあるライトパターソン空軍基地は、アメリカ軍の公式UFO研究機関であるプロジェクト・サインが設置された場所であるが、この基地にある第18番格納庫にUFOの残骸や異星人の死体が隠匿されているという証言が、1970年代になっていくつも公表されている。

その代表的なものが、UFO研究家レナード・ストリングフィールドが1977年の夏、彼の講演を聞きに来た聴衆の1人から聞かされた話である。

このときストリングフィールドは、シンシナティの退役パイロットの集会でUFOの講演を依頼された。講演後聴衆の1人が近づいてきて、身分を明かさないことを条件に話をはじめた。「1950年代初頭、陸軍准尉として航空隊のパイロットをしていた頃、ライトパターソン基地で木箱に入れられた異星人らしき死体を見た」というのだ。詳しく訪ねると、「DC7で格納庫に5つの木箱が運び込まれたが、そのうち3個の蓋が開いており、中には身長1.2mくらいの小さな人間の形をした生物が入っていた」という。

生物は、それぞれ布に包まれていた。周囲にはドライアイスが詰められていた。その頭部は身体に比べて異様に大きく、皮膚は茶色っぽく見えた。頭髪はなく、目は開いたままで、ほとんど見分けのつかない小さな鼻と口らしいものがあった。そこで、DC7のパイロットに質問すると、それは宇宙から来たと答えたという。

第18番格納庫については、1980年にアメリカで映画化されている。

ライトパターソン空軍基地の所在地

ミシガン州 / ペンシルバニア州 / インディアナ州 / オハイオ州 / ライトパターソン空軍基地 / ウェストバージニア州

18番格納庫の噂

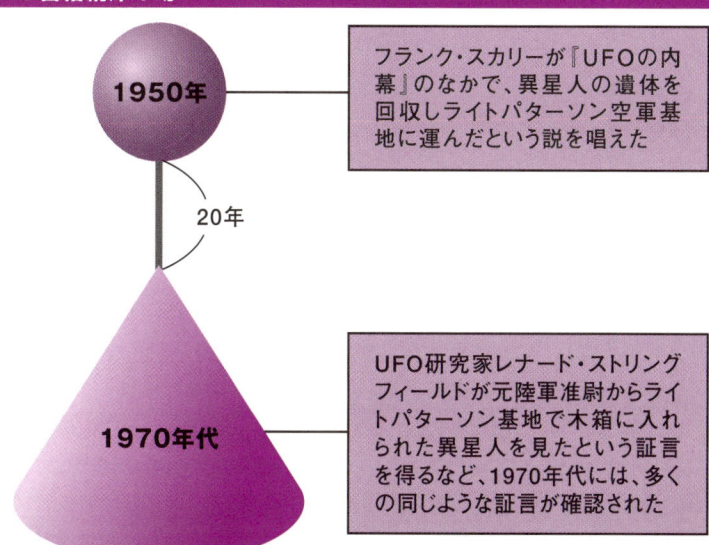

1950年
フランク・スカリーが『UFOの内幕』のなかで、異星人の遺体を回収しライトパターソン空軍基地に運んだという説を唱えた

20年

1970年代
UFO研究家レナード・ストリングフィールドが元陸軍准尉からライトパターソン基地で木箱に入れられた異星人を見たという証言を得るなど、1970年代には、多くの同じような証言が確認された

根強く残っていた噂は20年の時を経て、1970年代にブームを巻き起こした

関連項目
- プロジェクト・ブルーブック → No.085
- 陰謀説 → No.098

No.062
シェイヴァー・ミステリー
The Shaver Mystery

シェイヴァー・ミステリーは、パーマーが仕掛けた一種のスキャンダルだが、内容にはその後のUFO事件やアブダクションを思わせる記述もある。

●アメリカSF界のタブー

　シェイヴァー・ミステリーとは、リチャード・シェイヴァーがSF雑誌「アメイジング・ストーリーズ」に連載した一連の創作シリーズのことだが、このシリーズをもとに編集長**レイモンド・パーマー**が読者を巻き込んで展開した一連のスキャンダルも同様に呼ばれている。

　シェイヴァーはペンシルヴェニアで溶接工をしていたが、1943年にあらゆる言語の源である古代語マントンを解読するてがかりを得たとする手紙をパーマーに書いた。パーマーは、手紙を「古代言語？」として雑誌に掲載した。シェイヴァーがさらに長い手紙を送ったところ、パーマーはこれをさらに引き伸ばし、「レムリアの記憶」として、1945年3月号（44年12月8日発売）に掲載した。

「レムリアの記憶」は、大洪水のずっと以前の時代を舞台としている。アトランティスとレムリアは、実はアトラスとタイタンという宇宙生物の殖民都市であったのだが、太陽が発する有害な宇宙線のため彼らはやがて老化し、死亡することが判明した。そこで彼らは最初巨大な地底都市を建設するのだが、それでも安全ではなかったため、遂には地球を捨てて他の天体に移住してしまった。地球に残された者もいたが、彼らはその後デロと温和なテロという2つの種族に分化していく。テロは地上の人類の先祖となったのだが、デロは邪悪で、地上の人間の心を支配して様々な事件を発生させているという。また、タイタン族は地球の監視を続けており、時折地球に帰還して人々をさらったりするという内容であった。

「レムリアの記憶」の反響は大きく、「アメイジング・ストーリーズ」の部数が大幅に伸びたばかりか、実際に空飛ぶ奇妙な物体を見たとか、他の天体から来た生命体を目撃したという手紙が多数寄せられるようになった。

SF雑誌「アメージング・ストーリーズ」

1944年1月号

「古代言語?」

シェイヴァーからの手紙を
パーマーが採用して掲載した

1945年3月号

「レムリアの記憶」

シェイヴァーからのさらに長い
手紙をパーマーが採用した

1946年9月号

「宇宙に隷属する地球」

宇宙人が定期的に地球人をさらいに来るという内容のもの。
また、この号には「円盤型飛行機」についての記事も掲載されている

1947年7月号

「シェイヴァー特集」

シェイヴァー・ミステリーが
特集として扱われた

1948年

「フェイト」創刊!

シェイヴァー・ミステリー関連
の記事を掲載

1955年

元編集長のレイモンド・パーマーが
シェイヴァー・ミステリーは
ほとんどが自分が考えたと公表する

関連項目
●レイモンド・パーマー→No.080

No.063
ミステリー・サークル
Crop Circles

イギリスで最初に報告されたミステリー・サークルは、UFOと関連づけたり、宇宙の知的生命体からのメッセージであるとする説がある。

●人力で製作可能

　1946年、イギリスで初めて報告された現象で、麦畑などに出現する幾何学図形のこと。クロップ・サークル、コーン・サークルとも呼ばれる。

　最初は円形がほとんどであったが、その後様々な形状に進化し、世界中で報告されるようになった。

　イギリスでは1979年から多発するようになり、1988年にはイングランド南部で8ヶ月の間に70件以上が報告された。

　当初ミステリー・サークルについては、UFOの着陸痕説、プラズマ説、つむじ風説などの諸説が出されたが、1991年になってイギリスのサザンプトン出身のダグ・バウアーとデイブ・コーリーと名乗る2人の老人が、自分たちがイギリスでサークルの製作をはじめ、15年にわたりサークルの作成を続けてきた、と名乗り出た。

　ハンガリーでも、1992年にミステリー・サークルがブームとなったが、17歳の少年2人が名乗り出て、自分たちがミステリー・サークルを作成したことを明らかにした。

　ミステリー・サークルの作成は、厚板やロープなど、どこでも手に入る簡単な道具を利用して可能であり、実際にダグ・バウアーとデイブ・コーリーが作成したサークルを、研究家たちが本物と認めたこともある。

　一方で、依然としてミステリー・サークルは人力では作成不可能であり、異星人からの何らかのメッセージが込められていると主張する者もいる。

　また、大槻義彦早稲田大学名誉教授はプラズマによってできると主張しており、こうした人物は、本物のミステリー・サークルは人工のものとは異なるとも主張する。

ミステリーサークルの歴史

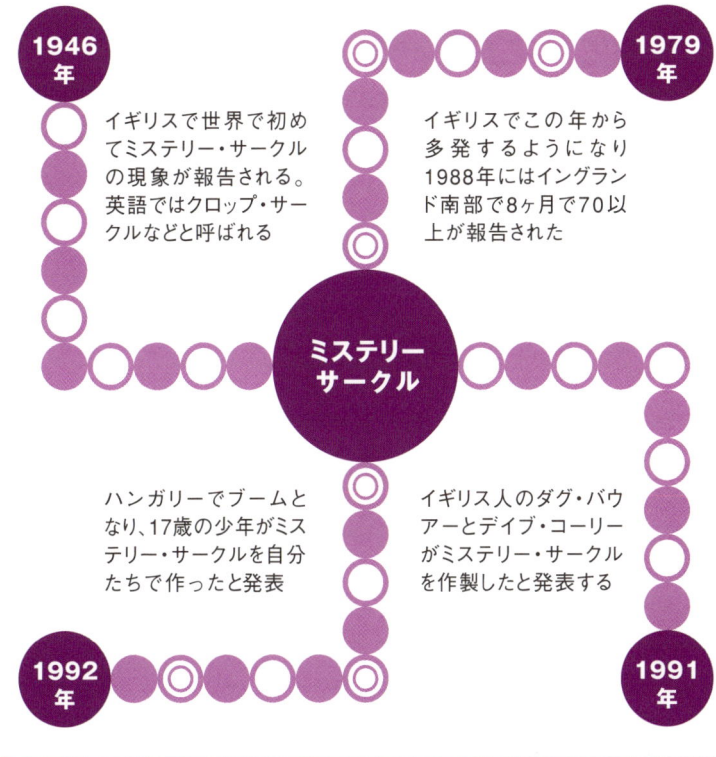

1946年
イギリスで世界で初めてミステリー・サークルの現象が報告される。英語ではクロップ・サークルなどと呼ばれる

1979年
イギリスでこの年から多発するようになり1988年にはイングランド南部で8ヶ月で70以上が報告された

ミステリーサークル

1992年
ハンガリーでブームとなり、17歳の少年がミステリー・サークルを自分たちで作ったと発表

1991年
イギリス人のダグ・バウアーとデイブ・コーリーがミステリー・サークルを作製したと発表する

ミステリーサークルに対する主張

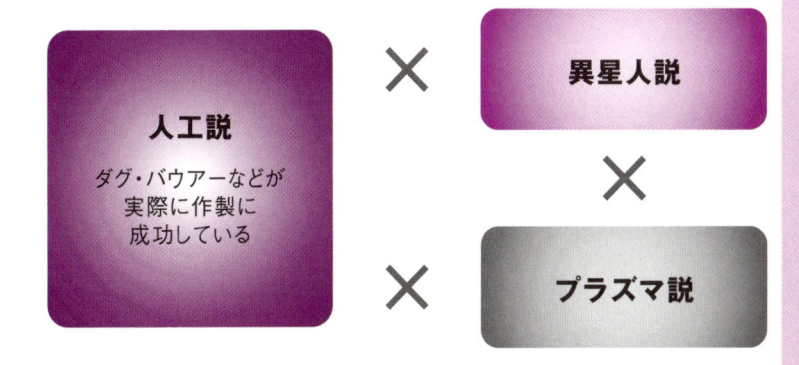

人工説
ダグ・バウアーなどが実際に作製に成功している

× **異星人説**

× **プラズマ説**

No.064 火星の運河

Martian Canals

19世紀末、火星に運河が見えるという主張が広まった。目撃者の中には天文学者もおり、火星に知的生命体が存在する根拠と考えられた。

●大富豪の見た幻

19世紀末、火星表面に望遠鏡で観測された線状の構造物のこと。

最初に火星表面に線状の模様を見たのは、イタリアのミラノ天文台長をしていた天文学者ジョバンニ・ヴィルジーニョ・スキャパレリで、彼は1877年の火星大接近の際、小型の望遠鏡で火星を観測していて、その表面にぼんやりとした線が何本も走っているのを発見した。

スキャパレリはこの線を、イタリア語で「水路」や「溝」を意味するcanaliと呼んだが、この言葉には「運河」の意味もあったため、以後この意味合いで用いられるようになった。

スキャパレリ自身は、この線が人工的な運河かどうかについて明言を避けていたが、1886年になってフランスの天文学者カミーユ・フラマリオンがこの運河を確認、これを人工のものと考え、火星に地球人より進歩した生命体が存在する可能性を示唆した。

そして、この発見に刺激されたアメリカの財閥パーシバル・ローウェルは、1894年にアリゾナ州フラグスタッフに私財を投じて天文台を建設すると火星観測に専念するようになった。

ローウェルは最終的に109本の人工的な運河を発見し、その両岸に植物が生えて色が変わる様子などを観測した。

この火星の運河の存在は、当時火星に知的生物が存在する可能性を示す有力なものとしてH・G・ウェルズの『宇宙戦争』(1898)やE・R・バローズの「火星シリーズ」などの作品を生み出すきっかけとなった。また、ローウェルの著作にはレーニンなども感銘を受けたという。

しかし、その後さらに性能のよい天体望遠鏡が製作されるようになると、火星の運河は実在しないことが確認された。

火星の「溝」から「運河」への流れ

ジョバンニ・ヴィルジーニョ・スキャパレリ
イタリアの天文学者
1877年の火星大接近の際に小型の望遠鏡で火星を観測していて、表面に何本もの線が走っているのを発見する

カミーユ・フラマリオン
フランスの天文学者
1886年に火星の運河を確認し、これを人工のものと考え、火星に地球人より進歩した生命体が存在するとした

パーシバル・ローウェル
アメリカの財閥
1894年、私財を投じて天文台を建設。109本の人工的な運河を発見し、両岸に植物が生えているのも観測した

火星の地名

現在でも使われている火星の地名の多くは、スキャパレリによって名づけられた

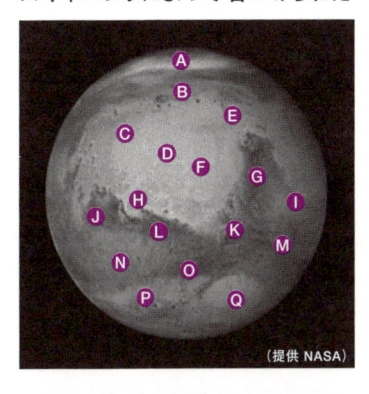

（提供 NASA）

- Ⓐ 北極冠
- Ⓑ イスメニウス
- Ⓒ エデン地方
- Ⓓ モアブ地方
- Ⓔ アエリア地方
- Ⓕ アラビア地方
- Ⓖ 大シルチス
- Ⓗ スキャパレリクレーター
- Ⓘ イシディス平原
- Ⓙ メリディアニ地方（子午線湾）
- Ⓚ ヒューケンスクレーター
- Ⓛ サビウス地域（サバ人湾）
- Ⓜ チレナ（テラ・チレナ）
- Ⓝ デューカリオン
- Ⓞ パンドラ
- Ⓟ ノアキス地方
- Ⓠ ヘラス

関連項目
- 火星の人面石→ No.067

No.065
マゴニアとラピュタ
Magonia & Laputa

イギリスの風刺作家スウィフトが著した『ガリヴァー旅行記』には、まるでUFOのように空中を漂う円型の島ラピュタが登場する。

●天空の世界マゴニア

マゴニアとは、中世フランスの民間伝承において、空中にあると信じられた架空の領域である。マゴニアと地上とは、空中を飛行する船により連絡されると信じられていた。

9世紀のリヨンの記録には、「空中を飛ぶ船から落下した人物が捕らえられた」という記述が残っている。この時、男3人、女1人が捕らえられ、民衆はこの4人を石打の刑にして殺そうとしていたが、現場に駆けつけた当時のリヨン大司教アゴバールは、彼らが通常の人間であるとしてその解放を命じたという。

マゴニアの名が一般に広まったのは、UFO事件と古来の伝承との内容の共通性に注目した**ジャック・ヴァレー**が『マゴニアへのパスポート』を著したことによる。

●飛行体ラピュタ

同じく空中に漂う国としては、『ガリヴァー旅行記』に登場するラピュタがある。ラピュタは、ガリヴァーが3回目の航海で訪れた国で、その領土は地上にあるバルニバービと呼ばれる領土と、直径7837ヤードの真円の飛行体ラピュタとで構成されている。

その底面は平板で磨き上げられた石板でできており、その厚さは200ヤード、その上には層をなした土壌が重なっている。上部は、中心から周囲に向かって傾斜する地形となっている。飛行島の底部には巨大な磁石があり、あらゆる方向に動かすことができる。ラピュタは、この磁石の磁力で飛行しており、その方向を変えることで移動したり、上昇下降を行うのだ。

マゴニアとは

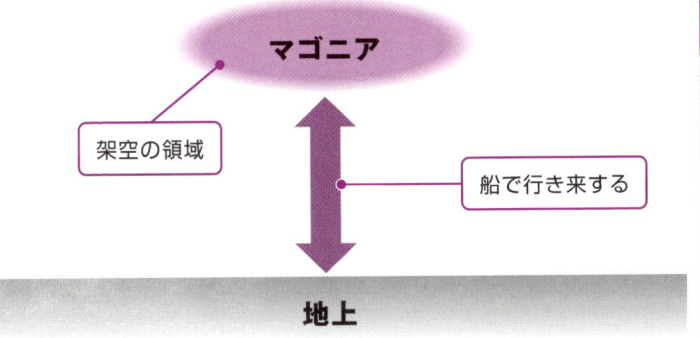

マゴニア ─ 架空の領域

船で行き来する

地上

ラピュタの特徴

- 直径7837ヤード(約7166m)の真円の飛行体
- 底面は平板で磨き上げられた石板できている
- 石板の厚さは200ヤード(約183m)でその上は土壌上部は中心から周囲に向かって傾斜している
- 底部には巨大な磁石があり、磁力で飛行する

❖ ガリヴァー衛星

　火星は、2つの衛星フォボスとダイモスを持っている。この2つの衛星が実際に発見されたのは1877年のことであるが、1726に刊行(1735年に完全版)された『ガリヴァー旅行記』のラピュタ編において、ジョナサン・スウィフトは火星に2つの衛星があると書いていたため、ガリヴァー衛星と呼ばれることもある。また、この2つの衛星については、人造物説も唱えられたことがある。

関連項目
- ジャック・ヴァレー→No.081

No.066 アポロ計画

Apollo Program

人類を月に送り届けるためのアメリカの宇宙計画がアポロ計画である。アポロ宇宙飛行士がUFOを見たという主張もある。

●宇宙飛行士とUFO

　人類の月面到達を目指したアメリカの宇宙計画。1957年10月4日、ソ連が人類最初の人工衛星であるスプートニク1号を打ち上げたことに衝撃を受けたアメリカは、1958年10月にアメリカ航空宇宙局（NASA）を組織し、ソ連に追いつくべく産軍あげて宇宙開発に乗り出す。

　これに対しソ連は、1961年4月12日、ユーリィ・ガガーリン少佐を乗せたヴォストーク1号を打ち上げ、有人宇宙飛行でもアメリカに先んじた。

　こうした状況の中で当時のアメリカ大統領ジョン・F・ケネディは、1961年5月25日、「アメリカは10年以内に月に人類を送り届ける」と演説し、そのためのアポロ計画が本格的にスタートした。まず前段階のジェミニ計画により、有人宇宙船の操縦実験、ドッキング実験などが繰り返され、その経験はアポロ計画にも引き継がれた。

　1967年1月28日、発射台上のアポロ1号の司令船で火災が発生し、宇宙飛行士3名が焼死する事故があったため、その後のアポロ2号からアポロ6号までは無人機による実験となり、アポロ7号で有人飛行が再開された。

　1968年12月に打ち上げられたアポロ8号や1969年5月のアポロ10号は月軌道を周回し、アポロ11号になって人類初の月面着陸に成功した。その後も、事故により月面着陸を中止したアポロ13号を除き、12号、14号、15号、16号、17号まで、計6回の月面着陸に成功した後打ち切られた。

　アポロ計画や、それに先立つジェミニ計画において、宇宙船に搭乗した宇宙飛行士がUFOを目撃しているとの噂も多くある。また月面着陸に関しては、実はアポロ計画の宇宙飛行士は月に到達していないとの捏造説も一部にある他、月面で地球外生命体の存在を確認したが、アメリカ政府がそれを隠匿しているなどの説もある。

アポロ計画

1号 — 1967年 1月28日
発射台上のアポロ1号の司令船で火災が発生。宇宙飛行士が殉職して中止となる

2号・3号・4号・5号・6号 — アポロ1号の事件を受け、無人での飛行実験を繰り返す

7号 — 1968年 10月11日
アポロ計画で初めての有人飛行に成功する

8号・9号・10号 — 有人で月や地球の軌道上を飛行

11号 — 1969年 7月16日
人類初めての月面着陸に成功。
「静かの海」に着陸した映像で、世界中が沸く

12号 — 「嵐の大洋」に着陸成功

13号 — 事故でミッションを中止するも、無事に帰還する

14号・15号・16号 — 3機とも月着陸成功。15号では初の月面車を使用

17号 — 1972年 12月7日
月着陸成功。17号を最後にアポロ計画は打ち切られる

No.067
火星の人面石
Face on Mars

1976年撮影の火星表面写真には、人の顔のように見える巨大な物体が写っていた。古代地球文明と火星の関係を示すものともいわれた。

●火星の運河の再来？

1976年7月25日、火星上空1873kmを飛んでいたヴァイキング1号が撮影した火星表面の写真に写っていた人の顔のように見える物体のこと。

この人面石は通称サイドニアと呼ばれる、火星の北緯40.9度、西経9.45度の地点にあり、縦約2.6km、幅2.3kmの巨大な岩で、NASAゴダード・スペース・フライト・センターのヴィンセント・ディピートロとグレゴリー・モレナーが最初に発見した。NASAは当時、自然の地形が光線の具合により人の顔のように見えたのだと説明したが、角度を変えて同じ場所を映した写真にも顔が確認できた。

3年後、ディピートロとモレナーが、写真をコンピューター解析したところ、「口にあたる部分には歯があり、頬には涙が伝わっていることを確認した」と主張するようになった。また科学ライターのリチャード・ホーグランドはこの近くに都市や砦、ピラミッドなどの構造物を発見、さらに、ホーグランドは、人面岩の左半分を反転させ、繋ぎ合わせると人間の顔になるが、右半分はライオンの顔になるなどと主張した。ホーグランドらによれば、こうした物体は到底自然の造形によるものとは考えられず、火星に知的生命体がかつて存在した証拠であるということになる。また、人間とライオンを合わせたような人面岩の存在は、ライオンの体に人間の頭を持つスフィンクスを思わせるものであり、ピラミッドのような構造物とも併せて、地球の古代エジプト文明との関連も示唆されるようになった。

しかし1998年、NASAの無人探査機マーズ・グローバル・サーベイヤーがより高精度のカメラで同地域を撮影したところ、人面岩のある場所には、単なる起伏のある地形が写っているのみで、解像度の低いヴァイキングのカメラでは、その地形が顔のように映ったものと確認された。

ヴァイキング1号の火星探索

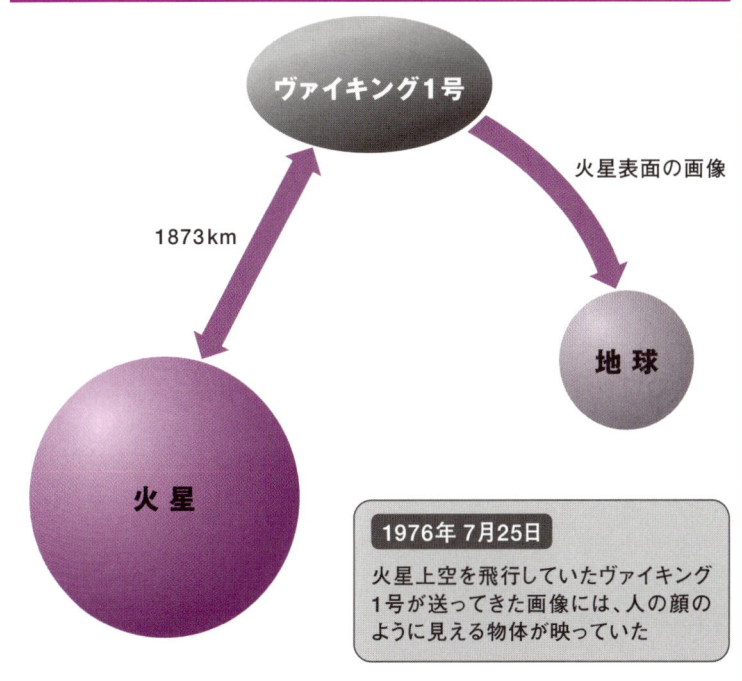

ヴァイキング1号

火星表面の画像

1873km

地 球

火 星

1976年 7月25日

火星上空を飛行していたヴァイキング1号が送ってきた画像には、人の顔のように見える物体が映っていた

人面石の真実

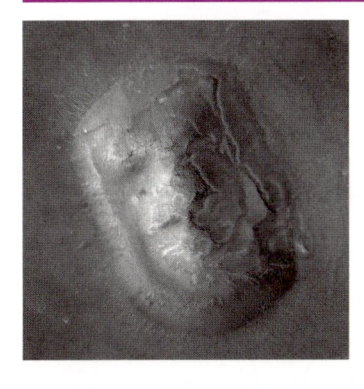

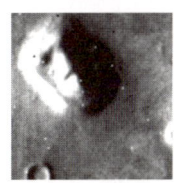

△ ヴァイキング1号によって撮影された「人面石」

◁ マーズ・グローバル・サーベイヤーによって撮影された同地域

（提供 NASA）

関連項目

●火星の運河→No.064

No.068
チュパカブラス
Chupacabras

プエルトリコやメキシコで主に報告されている吸血動物。その姿は様々に描写され、漠然とUFOとの関係も主張されている。

●**人造生物？**

　チュパカブラスは、1995年頃からプエルトリコ、メキシコ、アメリカ南部で報告されている謎の生物である。Chupacabrasとはスペイン語で「山羊（複数形）の血を吸う者」という意味で、本来は単数形であるが、末尾のsが英語の複数形と誤解されたことから、英語でも単数形はChupacabraと表記されることがある。この名称は、チュパカブラスが家畜などを襲ってその血を吸うと信じられていることから名づけられた。

　その形状は報告によりまちまちであるが、身長は直立して1.2から1.5mくらい、緑がかった茶色、あるいは黒っぽい茶色の毛に覆われ、赤い目をして、口から突き出した器官で家畜の血を吸うという。細長い腕をして手には鋭い爪があり、指は3本、後ろ脚で飛び跳ねるように移動する。また腕の下には翼のような膜があるとか、頭にはとさかがあるともいう。

　プエルトリコでは、1970年代から**キャトル・ミューティレーション**の報告があったが、1995年にキャトル・ミューティレーションが再度頻発した際、現場で3本指の動物の足跡が発見されたことから、何らかの生物によるものと推定された。

　チュパカブラスらしき存在が最初に目撃されたのは1995年8月のことで、1996年2月になるとマイアミで42頭の家畜が殺され、チュパカブラスの仕業とされたことから一般にその存在が知られるようになった。

　その後メキシコ、グアテマラ、コスタ・リカ、ホンデュラス、ブラジルなどでも被害が報告されている。

　UFOとの直接の関係は証明されていないが、一部では**UFO搭乗員**が遺伝子操作で生み出した人工生物という説もある。他に、野犬などを見間違えたとする説や、単なる都市伝説という説もある。

キャトル・ミューティレーションから生まれる

①　1970年代
1973年に初めてキャトル・ミューティレーションが確認され、多発する

②　1995年
プエルトリコで現場から3本指の動物の足跡が目撃される

③　1995年8月
世界で初めてチュパカブラスらしき生物が目撃される

④　1996年2月
マイアミで42頭の家畜が殺され、チュパカブラスの仕業とされる

チュカパブラスの特徴

- 身長は直立して1.2m～1.5m
- 体毛は緑がかった茶色か黒っぽい茶色
- 目は赤く、口から器官を出して家畜の血を吸う
- 腕は細長く、指は3本、後ろ脚で飛び跳ねる
- 腕の下には翼のような膜がある
- 頭にはとさかがある

No.068　第2章●UFO基礎知識

関連項目
- キャトル・ミューティレーション→No.056

No.069
バミューダ・トライアングル
Bermuda Triangle

バミューダ・トライアングルでは、船舶や航空機が謎の消滅を遂げるという事件が多発し、これにもUFOが関係しているとする説がある。

●謎の消滅多発地域

　バミューダ・トライアングルとは、船舶や航空機が謎の失踪を遂げるとされる北米大陸東部の大西洋上の海域の呼び名である。この名称はアメリカの超常現象研究家ヴィンセント・ガッディスの命名で、他にも「魔の三角領域」、「大西洋の墓場」など様々な呼称が用いられる。

　その領域も、フロリダ半島の先端とバミューダ島、プエルトリコを結ぶ三角形とされることが通常であるが、研究者によって範囲は異なる。また、この地域での消失事件について述べた書物の中には、この範囲からかなり離れた場所での事件も加えていることが多い。

　年間約15万隻の船が行き交う領域で、実際に行方不明となるのは100隻程度であるが、その失踪の原因が不明であったり、痕跡も見つからないことが多いといわれる。

　バミューダ・トライアングルでの消滅事件の原因として、UFOにさらわれた可能性を指摘する者もいる。

　UFOとバミューダ・トライアングルとを最初に結びつけたのは**チャールズ・フォート**とされ、その後モーリス・ジェサップも異星人による船舶の拉致の可能性を示唆している。

　チャールズ・バーリッツの『謎のバミューダ海域』(1974)や、1977年の映画「未知との遭遇」もこの観念を引き継いでいるが、バミューダ・トライアングルにおける消失事件とUFOとを結びつける証拠はない。

　バミューダ・トライアングルでの消失事件の説明としては、他に竜巻、重力や地磁気の異常、海流が集まるため三角波（巨大な波）が起きやすい、アメリカ軍の兵器実験のため、メタンガス水和物説……などがあるが、特に異常な消失事件が起きているわけではないとする説もある。

バミューダ・トライアングル

- アメリカ
- メキシコ
- バミューダ諸島
- フロリダ半島
- プエルトリコ

バミューダ・トライアングル

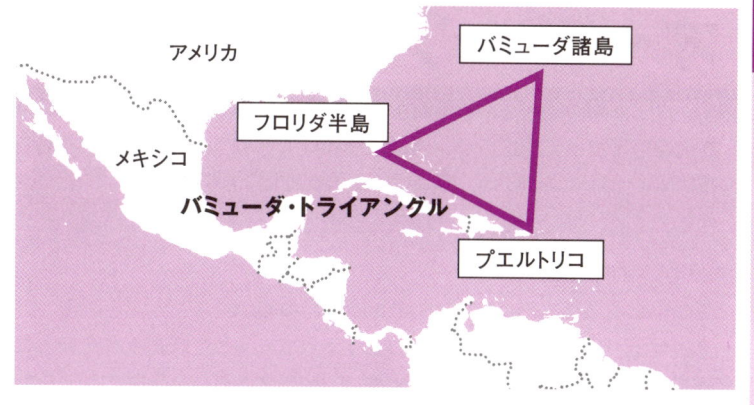

消失に対する見解

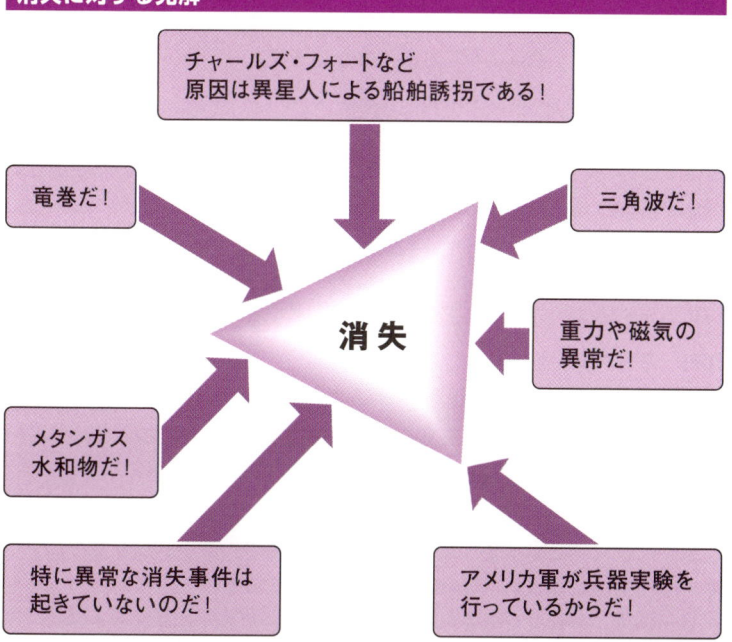

消失

- チャールズ・フォートなど原因は異星人による船舶誘拐である！
- 竜巻だ！
- 三角波だ！
- 重力や磁気の異常だ！
- メタンガス水和物だ！
- 特に異常な消失事件は起きていないのだ！
- アメリカ軍が兵器実験を行っているからだ！

関連項目

● チャールズ・フォート→No.071

No.070
オーパーツ
Ooparts

古代遺跡等から発見される、当時の技術では到底作成できないような物体をオーパーツと呼ぶ。太古に宇宙人が地球を訪れたのだろうか。

●場違いな加工物

「場違いな加工物（out of place artifacts）」の略。

考古学上の出土品のうちで、その物体が属する年代の技術水準を考えると到底作成不可能と思えたり、その使い道が判然としない物品のことを総称してこう呼ぶ。

地球より進んだ科学技術を持つ異星人が太古地球を訪れたという宇宙考古学の前提に立てば、こうした不可解な加工物こそ、そうした異星人の痕跡であり、太古の異星人来訪を示す証拠となると考える。

一方、太古の昔、正統な歴史学では未だに発見されていない高度な文明が栄えていたとする超古代史の立場に立てば、太古の異星人の存在を必要とせずともこうした物品の製造は可能と考える。

こうしたオーパーツとして、しばしば取り上げられるものは、南米コロンビアで発見された純金製のジェット機のような装飾品、イラクで発見された古代の電池、エジプトのデンデラ神殿地下室に残る白熱電球のような図形、イースター島のモアイなど多数ある。

エジプトのギザにある大ピラミッドや、ナスカの地上絵のような大規模な遺跡も、当時の技術水準を考えると建造は難しいということでオーパーツに数えられることもある。

また、古代インドの叙事詩「マハーバーラタ」に登場する空飛ぶ機械ヴィマナや、核戦争を思わせる描写など、世界各地の神話や伝説なども、宇宙考古学的視点を補強する材料として取り上げられることが多い。

現実には、宇宙考古学者や超古代史の研究家があげる数々のオーパーツも、当時存在した機器を用いて製造可能なものばかりであり、少なくとも現代の機械文明を上回るテクノロジーの存在を示す証拠はない。

オーパーツとは

場違いな加工物（out of place artifacts）

属する年代水準では作製不可能だったり、使い道が判然としないもの

クフ王のピラミッド
古代の技術と知識では建造不能という説がある

イースター島のモアイ像
太古の地球を訪れた異星人が作ったという説がある

デンデラの電球
ハトホル神殿の地下室にある、古代の電球と思われる浮き彫り

オーパーツに対する見解

オーパーツ

宇宙考古学
オーパーツこそが太古に異星人が地球にきた痕跡であり、証拠である

対立

優勢

超古代史
オーパーツといわれているものは、当時存在した機器を用いて製造可能なものである

関連項目

●エーリッヒ・フォン・デニケン→No.078 　　●宇宙船説→No.092

UFOに乗る夢魔たち

　アブダクションは、1961年に発生したヒル夫妻事件により認知された現象である。

　年代的には、1957年のヴィリャス＝ボアス事件の方が若干早いが、以後UFO搭乗員に拉致され、UFO内部で医学的な検査らしきものを受けるという、同様の事件が頻発している。1991年の調査では、アメリカ人全体の２％がアブダクション経験者である可能性も示唆されている。

　アブダクション事件には、他にもほぼ共通する要素が指摘できる。

　身体の麻痺、胎児を思わせる容貌の搭乗員、記憶の喪失と逆行催眠による回復、そして、精液や卵子の採取、搭乗員との性交渉などの性的要素である。この性的な要素には、女性アブダクティーが覚えのない妊娠をしたり、その徴候がある日突然消えてしまうなどといった現象も含めてよいであろう。

　実際、最初のアブダクション事件とされるヒル夫妻事件では、夫人のベティは妊娠テストのため腹部に針を差し込まれ、夫のバーニーは精液を採取されている。ヴィリャス＝ボアス事件では、搭乗員とのセックスを強要された。このように性的要素は、アブダクション最初期からの定番となっている。現在では、UFO搭乗員たちが遺伝子操作を行うことで、人類との混血人種を人工的に作り出そうとしているとの見解も出されている。

　ところが、こうした性的要素に限ってみると、よく似た現象を起こす魔物の存在は昔から伝えられていた。

　人間が眠っているとき、相手が男性であれば美しい女性の姿で、相手が女性であれば男性の姿で現れて性交渉を持つ悪魔は、古来夢魔と呼ばれている。男の姿で現れる場合をインクブス、女性の姿の場合をスクブスと呼び分けたりもするが、本来同じ悪魔であるという説もある。

　かのトマス・アクィナスは、その『三位一体論』の中で、スクブスとして男と交わった夢魔が、その精液をインクブスとして女性に注入すると述べている。つまり夢魔たちがやっていたことは、男性の精液を採取し、それを他の女性の膣内に人工的に挿入して妊娠させるという、一種の人工授精だったのだ。

　そして夢魔が現れるとき、人は、いわゆる金縛りの状態に置かれ、身動きすることもかなわなくなる。

　相手の自由を奪って性交渉したり、奪った精液で女性を人工的に妊娠させたりする行為は、夢魔たちが古くから行ってきたことなのだ。アブダクションが多くの場合睡眠中に発生しているという事実も、夢魔の出現と共通するものといえよう。

　もしかしたら夢魔たちの世界でも科学技術が発展し、UFOという乗り物に乗って新しい技術を駆使し、彼らの旧来の作業を継続しているのかもしれない。

第3章
UFO研究家
&
研究団体

No.071
チャールズ・フォート

Charles Hoy Fort

フォートは、超常現象研究の草分けともいうべき人物。彼の名をとったフォーティアンという言葉は、超常現象の代名詞ともなっている。

●超常現象研究の草分け

チャールズ・フォート（1874～1932）はアメリカの超常現象研究家で、新聞や雑誌などを渉猟して不思議な事件について報じる記事を収集した。

裕福なオランダ移民の子として生まれたフォートは、一時ジャーナリストとして働いていたが、40代初期に遺産を得て生活の心配がなくなり、以後大英博物館やニューヨーク市民図書館にいりびたっては世界中の不思議な現象についての記述を集めた。彼の関心の対象となった現象としては、魚や蛙が降ってくる異常降雨現象、人間の自然発火、ポルターガイスト、そして現代ならUFOと呼ばれるであろう謎の飛行物体などが含まれ、そうした成果は4冊の著書として刊行された。

またフォートは、こうした奇妙な現象に対する説明として宇宙のジョーカーや超サルガッソー海など、奇現象について様々な仮説を提唱している。

UFO関係では、約4万もの記事を集めた。その中には1905年及び1913年のイギリスでの**ウェイヴ**や、1645年から1767年にかけて発行物体の目撃など、**アーノルド事件**以前のUFO事件も多数収集されている。**ジョン・キール**やコーラル・ロレンゼンなど、後の研究家で彼の著作に影響を受けた人物も多い。

一方でフォートの態度は、記事の内容を紹介するだけの場合が多く、詳細な調査を欠いているため、記事の内容の真偽を精査するまでに至っていない。

1931年には友人の作家セオドア・ドライサーとティファニー・セーヤーが、彼の名前を冠したフォート協会を設立し、その後彼の名は超常現象全般の代名詞ともなっている。現在イギリスでは、彼の名にちなんだ「フォーティアン・タイムズ」という雑誌も刊行されている。

プロファイル

超常現象研究家（UFO肯定派）

チャールズ・ホイ・フォート

1874年8月6日〜1932年5月3日
アメリカ合衆国ニューヨーク州アルバニー出身

- 超常現象の最初の研究家
- 著書は後のUFO研究家に影響を与えた
- 彼の死後、「フォート協会」が設立された

フォートの発明した用語

宇宙のジョーカー

○ さまざまな怪異現象の背後にある存在。ジョン・キールやジャック・ヴァレーが唱える"超地球人"にも通じるものがある

超サルガッソー海

○ 大気圏上層にあり、地球からテレポートしてきた物体を一時捕獲。時々異常降雨として降らせる。海の墓場、"サルガッソー海"にちなんで名づけた

テレポーテーション

○ 物体が瞬時にして他の場所に移動する現象。石のなかの生物や、魚などが降ってくる現象を説明するため、フォートはテレポーテーションを想定した

フォートのUFOこの一冊

書名	内容
The Book of the Damned (1919)	大気中に目撃された奇妙な光体など、後代のUFO目撃に類する現象が多く記録されている
New Lands (1923)	前作を引き継ぐ形で、幽霊飛行船の記録や20世紀初頭のイギリスでのウェイヴについても記述

関連項目

- バミューダ・トライアングル→No.069

No.072
ジェイムズ・マクドナルド
James E. McDonald

マクドナルドは、気象物理学者であったが、UFO宇宙船説に立つ肯定派として、UFOは科学的関心の対象となるものであると主張し続けた。

●UFO肯定派の闘士

　ジェイムズ・マクドナルド（1920〜1971）は、アメリカの高名な気象物理学者でありながらUFO現象に大きな関心を持ち、UFO肯定派として活発な活動を繰り広げた。1968年7月の下院公聴会では、**J・アレン・ハイネック**らとともに発言し、UFO問題の重要性を訴えた他、同僚の科学者や軍人などにも、UFO現象へ関心を向けるよう促し続けた。このためマクドナルドは何千通もの手紙をこうした人々に書き送ったという。

　科学者としては、1951年にアイオワ大学より物理学博士号を取得し、シカゴ大学を経てアリゾナ大学気象学部の教授を務めていたが、彼がUFOに関心を持ったのは1955年に発生した**ウェイヴ**がきっかけであった。

　その後、ライトパターソン空軍基地で機密となっていたロバートソン報告を閲覧する機会に恵まれ、1966年以降は、UFO肯定派の代表的な論客となり、様々な機械にUFO研究の重要性を強調するようになった。

　UFOの理論的研究だけでなく、実際に現地調査も積極的に行い、何百人という目撃者にインタビューを行った。これにより、UFO現象は科学的関心を向けるに値する物理的現象であり、他の諸説と比較した結果、**宇宙船説**が最も可能性があるとの立場を示し続けた。当然ながら、**プロジェクト・ブルーブック**やコンドン報告（レポート）の内容には否定的であり、**ドナルド・メンゼル**や**フィリップ・クラス**など、UFO否定派とは激しい論争を繰り広げることとなる。また、同じくUFO現象に関心を持つハイネックとの関係は微妙であり、肯定派として協力する一方、ブルーブックなど研究機関の実情を隠していたとして批判したこともある。1971年には、専門の気象物理学者としての立場から、超音速旅客機によるオゾン層破壊の危険を指摘したことから政治的に攻撃され、同じ年に謎の自殺を遂げた。

マクドナルドの主張

気象学者・UFO研究家（肯定派）

ジェイムズ・マクドナルド

1920年5月7日〜1971年6月13日
アメリカ合衆国ミネソタ州ドゥルス出身

- UFO現象はもっと科学的に調査されるべきだ
- UFOは宇宙人の乗り物である可能性が高い
- UFOは自然現象の見間違いでは決してない

生涯の活動

	マクドナルドのおもな活動
1942年	オマハ大学卒業
1945年	マサチューセッツ工科大学卒業
1946〜1949年	アイオワ州立大学物理学講師
1950〜1953年	アイオワ州立大学准教授
1951年	アイオワ州立大学より物理学博士号取得
1953〜1954年	シカゴ大学気象学部研究員
1954〜1956年	アリゾナ大学気象学部准教授、同大学大気物理学研究所副所長
1956年	アリゾナ大学気象学部教授
1956〜1957年	アリゾナ大学大気物理研究所科学主任　この頃からUFOに関心をもつ
1966年	アメリカ全土でUFOに関する講演ツアーを開始
1967年	ウ・タント国連事務総長に書簡を送付
1968年	アメリカ下院公聴会で演説
1971年	下院歳出委員会でSSTがオゾン層を破壊する可能性を指摘
1971年6月	謎の自殺

関連項目

- コロラド大学UFOプロジェクト→No.087
- J・アレン・ハイネック→No.079
- 宇宙船説→No.092

No.072　第3章●UFO研究家＆研究団体

No.073
フランク・エドワーズ
Frank Edwards

人気アナウンサーのエドワーズもUFO研究家の草分けの1人。様々な障害を乗り越えて、UFOなど超常現象の研究に生涯を費やした。

●人気アナウンサーにして研究家

　フランク・エドワーズ（1908～1967）は、アメリカの初期のUFO研究家の1人で、ラジオ・アナウンサーの草分けでもある。彼は自分の番組の中で数多くのUFO報告を取り上げ、世間にUFO現象を認識させることに貢献し、1956年からは、民間UFO研究団体である**全米空中現象調査委員会**理事も務めた。

　1908年、イリノイ州マットゥーンに生まれた彼は、1923年頃、ペンシルヴェニア州ピッツバーグにあるラジオ放送局で無給のアナウンサーとなったのをきっかけに放送業界に入る。様々な放送局でアナウンサーを務め、放送界での地位を築いていき、1942年には政治解説者となって人気を博し、1953年にはラジオ・アナウンサー全米トップスリーにも選ばれた。

　彼がUFOに関心を持ったのは、1947年の**アーノルド事件**がきっかけで、以来パイロットや航空管制官など、通常の目撃者より観察力があると思われる人物のUFO目撃事件を含め、多くのUFO報告を番組で取り上げるようになった。

　エドワーズは基本的にUFO**宇宙船説**の立場に立ち、同時に、政府がUFO関連情報を隠匿しているという**陰謀説**の草分けでもあった。しかし、このような政府に批判的な姿勢がスポンサーの不興を招いたことから、1954年に番組を降板することとなる。しかし、その後も地方放送局で番組を担当したり、大手放送局へのゲスト出演、新聞や雑誌での記事執筆などの活躍を続けた。

　コンタクティーについては批判的だった。**ジョージ・アダムスキー**のコンタクト・ストーリーについて、アダムスキーが以前執筆したSF小説と内容が類似していることを指摘したのもエドワーズである。

プロファイル

アナウンサー・UFO研究家（肯定派）
フランク・エドワーズ

1908年8月4日～1967年6月23日
アメリカ合衆国イリノイ州マットゥーン出身

- UFOは宇宙から飛来している
- 政府はUFO情報を隠匿している
- アダムスキーのコンタクトは作り事だ

エドワーズのUFOこの一冊

書名	内容
Strange World (1923)	ラジオ番組で紹介した世界の怪奇現象をまとめたもの。邦題『世界は謎に満ちている』（早川書房:1965）
Flying Saucers—Serious Business (1966)	50～60年代のアメリカUFOブームを知ることができる一冊。邦題『空飛ぶ円盤の真実』（国書刊行会:1988）
Flying Saucers—Here and Now! (1967)	前作の姉妹編で、最期の著作。邦題『UFO旋風』（大陸書房:1976）

❖ 6月24日

　1967年6月23日、初期のUFO研究に大きな貢献をしたフランク・エドワーズは、心臓発作で死亡した。翌24日には、ニューヨークのコモドア・ホテルで、第1回の世界UFO会議が開催される予定であった。そもそも6月24日という日付は、その20年前にアーノルド事件が起きた日であり、アズテック事件を公表したフランク・スカリーも、なぜか3年前の6月24日に死亡している。また、ジル神父事件は2日後の6月26日に発生しているが、他の月にも視野を広げるとソコロ事件が4月24日、ワシントン上空UFO事件が7月26日、アズテック事件が3月25日など、月末24日前後に起きているUFO事件は多い。ジョン・キールによれば、人間が跡形もなく姿を消してしまう消滅事件も、毎月24日に多いという。

関連項目
- 全米空中現象調査委員会→No.088
- 陰謀説→No.098

ドナルド・キーホー

Donald Keyhoe

キーホーは元軍人で、パイロットという経歴を持ち、有名な航空ジャーナリストでもあった。宇宙船説を唱えると同時に、陰謀説も唱えた。

●政府を批判する元軍人

　ドナルド・キーホー（1897～1988）は、いわば第一世代と呼ぶべきUFO研究家の草分けである。元アメリカ海兵隊少佐という経歴を持ち、1957年から1969年まで、アメリカの民間UFO研究団体である**全米空中現象調査委員会**会長を務めた。彼は一貫して、アメリカ政府がUFOに関する情報を隠匿しているという**陰謀説**を唱え続けた。

　キーホーはアイオワ州に生まれ、海兵隊士官学校を卒業後、1919年にパイロットとして海兵隊に勤務した。しかし、1922年に航空機事故で負傷したため除隊、一時商務省民間航空部門情報責任者となるが、1928年にチャールズ・リンドバーグとの国内旅行記『リンドバーグとの旅』を著して著述業に転向、以後「ウィアード・テイルズ」誌などのパルプマガジンに多くの小説を発表し、作家としての地位を確立する。

　第二次世界大戦が発生すると一旦軍務に復帰し、海軍の航空訓練部隊に所属、少佐に昇進して除隊する。戦後は航空ジャーナリストとしての活動を再開したが、1949年、アメリカの雑誌「トゥルー」誌から**アーノルド事件**について照会されたことを契機にUFOに関心を持ち、UFOに関する多くの著作を著してUFO研究の先駆者の1人となる。

　彼は、UFOは同時代の地球上のあらゆる技術水準を凌駕しているとして、他の天体から飛来した**宇宙船説**を唱えた。さらに、元軍人という経歴を利用して軍関係者にUFOについて問い合わせると、その存在を否定されたり、関係資料の調査を拒否されたとして、政府がUFO情報を隠匿しているという陰謀説を一貫して唱えた。キーホーによれば、アメリカ空軍は、UFOが他の天体から飛来した宇宙船だと承知しているが、パニックを防ぐために情報を隠匿しているのだという。

プロファイル

小説家・UFO研究家（肯定派）
ドナルド・キーホー

1897年6月20日～1988年11月29日
アメリカ合衆国アイオワ州出身

- NICAP会長、組織の拡大に努める
- UFOは宇宙人の乗り物である
- 政府はUFO情報を隠蔽している

キーホーの活動

■1920年代後半＝パルプマガジンに小説掲載

1928年	「Flying With Lindbergh」出版
1947年	UFOに関心をもつ
1949年	トゥルー誌に「The Flying Saucers Are Real」が掲載される

■1950年代＝小説家からNICAP会長へ

1950年	「The Flying Saucers Are Real」出版	雑誌の記事を改定して刊行。UFOは地球外生命体が操る宇宙船だという結論に
1953年	「Flying Saucers from Outer Space」出版	空軍が保有していた目撃情報ファイルの内容を掲載
1955年	「Flying Saucer Conspiracy」出版	空軍の情報検閲を批判。バミューダ・トライアングルとUFOを関連づけた
1956年	NICAPに参加	
1957年	NICAP会長に就任	
1960年	「Flying Saucers : Top Secret」出版	NICAP創設やUFO関係の公聴会開催など1956年から1960年の動きを取り上げる

■1960年代＝米国政府との論争激化

1969年	NICAP会長を辞任
1973年	「Aliens From Space」（未知なるUFO）出版
1981年	MUFONに参加

関連項目

- アーノルド事件→No.001
- 陰謀説→No.09
- 全米空中現象調査委員会→No.088

No.075
ジョン・キール
Jhon Alva Keel

超常現象にも関心を持っていた著作家キールは、宇宙船説から出発し、ほかの超常現象とUFOとを結びつける超地球人説の草分けとなった。

●宇宙船説から超地球人説へ

ジョン・キール（1930〜）はアメリカの著述家で、超常現象研究家でもある。キールは、ニューヨーク州ホーネルに生まれ、ペリーの農場で育った。その少年時代は正規の教育をほとんど受けず、農作業の余暇に、図書館で手当たり次第に本を読んでいたという。

そうしたキールであるが、16歳頃から新聞や雑誌に寄稿をはじめ、著述家として生活するようになる。

1951年に朝鮮戦争に徴兵されるが、軍のラジオ局で放送作家として活躍、除隊後に東洋を放浪した経験を『ジャドー』として出版する。その後テレビ番組の脚本や雑誌への寄稿、小説執筆など、多くの雑文を書いている。

キールが本格的にUFOをはじめとする超常現象の研究に着手したのは、1966年のことで、**チャールズ・フォート**やアイヴァン・サンダーソンなどの著作に影響を受けたものとされる。

キールは当初、UFOは宇宙船であると考えていたが、4年間かけて2000冊以上の関連書籍を読破し、全米で何千人という人物にインタビューするうちに、妖精の目撃や宗教体験などとUFO現象とに共通する側面があると考えるようになった。そして『UFO超地球人説』の中で、UFOは別次元の存在であり、人間の行動を支配する独特の存在によるものであり、他の様々な超常現象と同じルーツを持つものだという、「超地球人説」と呼ばれる説を唱えるようになる。この姿勢は、1976年の『モスマンの黙示』にも継続され、**ジャック・ヴァレー**と並んで1970年代以降のUFO研究に大きな影響を与えることとなった。

UFO以外の超常現象にも関心を持っており、1987年にニューヨーク・フォーティアン協会を設立している。

プロファイル

作家・超常現象研究家（肯定派）

ジョン・キール

1930年5月25日～
アメリカ合衆国ニューヨーク州ホーネル出身

- UFO現象は主観的現象で宗教体験と同じだ
- UFO現象は超地球人に操られている結果だ
- 『モスマンの黙示』が2002年に映画化

キールのUFOこの一冊

書名	内容
Strange Creatures from Time and Space (1970)	世界の未確認動物を扱ったもの。UFO搭乗員と雪男との関係も指摘。邦題『四次元から来た怪獣』(大陸書房:1973)
UFOs: Operation Trojan Horse (1970)	UFO現象と古来の神話、さらには宗教的経験などを関連づけ、超地球人なるものの存在を想定したキールの代表作。邦題『UFO超地球人説』(早川書房:1976)
The Mothman Prophecies (1975)	1966年から翌年にかけてウエストヴァージニア州ポイントプレザントに集中したモスマン事件を調査したもの。邦題『モスマンの黙示』(国書刊行会:1984)

❖ 超地球人説とキール

　キールは、当初こそ地球外起源説（宇宙船説）をとっていたが、1967年以降にはUFOと心理現象との相関を発見し、「UFOの多くは主観的現象で、妖精の目撃や宗教的体験にも通じる一種の幻影であり、2％以下のものが何らかの自然現象である」と主張するようになった。さらに後には「UFOは別次元の存在であり、人間の行動を前もって知り、その心をコントロールできる」"超地球人"なるものの存在を想定する。

　超常現象について書くことは、キールにとっても生活の糧でもあったが、長年の研究を通じて独自の世界観に達したのかもしれない。

関連項目

- モスマン事件→ No.018

No.076
フィリップ・クラス
Philip J. Klass

宇宙船説や陰謀論に対して異議を唱える懐疑派の1人。CSICOP創設メンバーで、MJ12文書の大統領署名が、コピーであることを証明。

●UFO界のシャーロック・ホームズ

フィリップ・クラス（1919～2005）の名は、アメリカのUFO懐疑論者の代名詞ともなっており、彼をUFO界のシャーロック・ホームズと呼ぶ者もあった。アイオワ州生まれで、1941年アイオワ州立大学電子工学科を卒業後、航空技術者としてジェネラル・エレクトロニック社に入社する。1952年には「アヴィエイション・ウィーク」誌編集部に所属し、航空電子工学専門の編集者となった。以後、航空・宇宙関係や電気・電子工学関係の出版物に数多くの記事を執筆するのだが、特に1957年の記事は、マイクロエレクトロニクスが電子工学に及ぼす影響を予言したものとして名高く、航空・宇宙執筆者協会から何度も表彰されている。彼がUFOに関心を持ったのは、1966年、アメリカ電気電子技術者学会のUFOシンポジウムに参加したことがきっかけとされる。

ドナルド・メンゼル亡き後、懐疑論者の代表的な論客となったクラスであるが、彼自身はUFO現象そのものを否定しているわけではない。**宇宙船説**を確証させる「物的証拠があれば受け入れる用意はあるが、これまでそのような証拠は得られていない」というのが彼の立場である。また、政府がUFO情報を隠匿しているという説に対しても、政府の貧弱な機密保持能力を考えれば、情報がまったく出ないということはあり得ないと反論している。

1976年には「いわゆる超常現象を科学的に調査する委員会：CSICOP（2006年にCommittee for sheptical Ingury：CSIと改称）」創設メンバーの1人となり、2005年に死去するまでUFO小委員会議長を務めていた。

いわゆるMJ12文書に残されたトルーマン大統領の署名が、他の文書からのコピーであることをつきとめたのもクラスである。

プロファイル

電子技術者（否定派）

フィリップ・クラス
1919年11月8日～2005年8月9日
アメリカ合衆国アイオワ州デモイン出身

- UFOが宇宙線であるとする証拠がない
- 政府がUFO情報を隠しておけるとは思えない
- UFO現象のほとんどがねつ造されたものだ

クラスがあばいたUFO事件の嘘

ウォルトン事件	⇔	嘘発見器の調査に問題を指摘
MJ12文書	⇔	大統領の署名が、他の文書からコピーしたものであると主張
パスカグーラ事件	⇔	嘘発見器の操作をした係員に、その資格がないことを発見
テヘラン追跡事件	⇔	機器の故障は整備不良によるもので、搭乗員が誤って星を追跡したと主張

クラスのUFOこの一冊

書名	内容
UFOs:The Public Deceived (1983)	ウォルトン事件など1970年代の有名なUFO事件についてのクラスの調査結果を紹介。CIA・UFO文書も扱っている
UFO Abductions: A Dangerous Game (1989)	アブダクションが主題。アブダクション事件の証言の多くは退行催眠下の証言に依存していることを指摘し、アブダクションの科学的証拠はないとする

関連項目
- MJ12事件→No.027
- ドナルド・メンゼル→No.083

カール・セーガン

Carl E. Sagan

世界的に有名な天文学者で、地球外知的生命体の探索に人生を捧げた。その彼がUFO宇宙船説に否定的な見解を述べたことは傾聴に値する。

●特異な天文学者のUFO観

　天文学に関心のある人で、カール・セーガン（1934〜1996）の名を知らない者はいないだろう。彼はそれだけ有名な、しかも世間に影響力のあるアメリカの天文学者である。科学関係の著書だけでなくSF小説も手がけた作家としての顔も持っている。その一方で、地球外生命の探査に多大な関心を持ち続け、1950年代から**アポロ計画**、パイオニア計画、SETI（地球外知的生命体探査）、ボイジャー計画などの宇宙開発・惑星探査計画に参加し、圏外生物学（宇宙生物学、天体生物学）の開拓者ともいわれている。

　こうした業績を記念して、火星探査機マーズ・パスファインダーの着陸地点は「カール・セーガン基地」と名づけられた。

　セーガンはニューヨークのブルックリンに生まれ、シカゴ大学で学び、1955年に物理学の学士号、1956年に修士号、1960年には天文学と天体物理学で博士号を得ている。

　1968年までハーバード大学で教え、それからコーネル大学へと移った。

　天文学者として業績を残し、数々の宇宙探査計画に参加する一方で、数々の科学啓蒙書やSF小説の執筆でも知られ、『エデンの恐竜』はピューリッツァー賞を受賞、SF小説『コンタクト』は映画化された。

　さらに、1966年には、**プロジェクト・ブルーブック**を再検討する臨時委員会、通称「オブライエン委員会」のメンバーにも選ばれた。

　他方、「いわゆる超常現象を科学的に調査する委員会：CSICOP」創設メンバーでもあり、超常現象には総じて否定的な立場をとった。

　少なくともUFO宇宙船説については否定的な見解を何度も表明している。地球外知的生命体探査に一生をかけた高名な天文学者がこうした見解に立っていることは、UFO信者も十分考慮すべきことであろう。

プロファイル

天文学者（否定派）

カール・セーガン

1934年11月9日～1996年12月20日
アメリカ合衆国ニューヨーク市ブルックリン出身

- UFO・超常現象ともに否定的な立場をとる
- 地球外知的生命体の存在は否定していない
- 「科学者たちが考えているより民衆は賢い」

生涯の活動

	セーガンのおもな活動
1955年	シカゴ大学物理学士
1956年	シカゴ大学物理学修士号取得
1957年	リン・マーギュリスと最初の結婚
1960年	シカゴ大学より天文学・物理学の博士号取得
1962～1968年	マサチューセッツ州ケンブリッジにあるスミソニアン天体物理学研究所勤務
1966年	オブライエン委員会メンバー
1968年	UFOに関するアメリカ下院公聴会に参加 コーネル大学勤務、リンダ・ザルツマンと二度目の結婚
1969年	アメリカ航空宇宙工学協会のUFOシンポジウムに参加
1971年	惑星研究所長
1972年	パイオニア11号に積載されたメッセージをデザイン（同様のメッセージを刻んだプレートはその後の探査機にも積載された）
1972～1981年	コーネル大学惑星探査電波物理学センター所長（その間多くの宇宙探査計画に関与）
1976年	CSICOP創設、創設メンバーのひとりとなる
1978年	『エデンの恐竜』でピューリッツァー賞受賞
1980年	「コスモス」放映
1981年	アン・ドルーヤンと三度目の結婚
1996年	肺炎で死亡
1997年	『コンタクト』映画化。マーズパスファインダーの着陸地点がカール・セーガン基地と命名される

関連項目

- アポロ計画→No.066
- コロラド大学UFOプロジェクト→No.087

No.078
エーリッヒ・フォン・デニケン
Erich von Däniken

デニケンは、1970年代を代表する宇宙考古学者として有名。しかし、その著書の内容は以前から唱えられていたものがほとんどである。

●1970年代を代表する宇宙考古学者

　デニケン（1935～）はスイスの宇宙考古学者。1960年代末から1970年代にかけて著した一連の宇宙考古学書が世界的ベストセラーとなり、一躍この分野での世界的権威とみなされるようになった。スイスのゾーフィンゲンに生まれ、サン・ミシェル大学卒業後、バーテンや客船の乗務員などを経て、後にダヴォスで自らレストランやホテルを経営するようになる。

　デニケンによれば、彼が宇宙考古学に関心を持ったのは1954年以降のことであり、その後世界各地の古代遺跡を巡り歩いたという。1968年に出版されたデニケンの最初の著書『未来の記憶』は、当初6000部であったが1970年までに50万部のベストセラーとなり、その後出版された『星への帰還』、『宇宙人の謎』とともに、世界各国で翻訳出版された。

　これらの著書でデニケンが主張するのは、「人類よりはるかに進歩した文明を持つ異星人が有史以前に地球を訪れ、彼らは当時の地球人類に科学知識や文明を教えた」という、典型的な宇宙考古学の考えである。デニケンによれば、そうした古代の異星人来訪の記憶は、各地に古くから残る伝説や、世界各地に残る、当時の技術水準では到底建設不可能と思われる古代遺跡、**オーパーツ**などであり、一連の著作ではこれらの物証を列挙し、それらが当時の人間の想像力や技術水準では到底実現し得ないものであることを強調する。著作が世界的ベストセラーになったことで、宇宙考古学の主張が世界に広まることとなり、一躍宇宙考古学の世界的権威と目されるようになったが、デニケンの著作に目新しい内容はほとんどない。

　2003年5月、スイスのインターラーケンに私財を投げ打って古代遺跡のレプリカなどを展示するMystery Park、通称デニケン・ランドを開設したが、財政難のため2006年11月19日に閉鎖された。

プロファイル

宇宙考古学者（肯定派）
エーリッヒ・フォン・デニケン

1935年4月14日～
スイス、アールガウ州ゾーフィンゲン出身

- 古代遺跡は当時の技術力では製作不可能だ
- オーパーツは異星人の来訪を示すものだ
- しかし、その主張は以前からあるものだった

デニケンの主張

- **ナスカの地上絵**は、異星人に着陸場所を示すために作られた
- **タッシリ・ナジェールの壁画**は宇宙服を着た異星人を描いたもの
- **『旧約聖書』の神**は異星人。ソドムとゴモラは核兵器で滅びた
- **預言者エゼキエル**が見たものは宇宙船であり、聖櫃は通信機
- **イースター島のモアイ**は異星人が作った
- **パレンケの石棺**の蓋の模様は宇宙船

デニケンのUFOこの一冊

書名	内容
Chariots of the Gods?（1968）Erinnerungen an die Zukunft（独語）	ピリ・レイスの地図、イースター島のモアイなど、世界各地のオーパーツを、太古の昔に飛来した異星人の痕跡と断じたもの。当時大きな反響を呼び起こした。邦題『未来の記憶』（早川書房:1969）

関連項目
- オーパーツ→No.070
- 宇宙船説→No.092

No.079
J・アレン・ハイネック
Josef Allen Hynek

ハイネックはアメリカの高名な天文学者で、UFOに対し当初は否定的な見解を持っていたが、後にUFO研究の第一人者となった。

●UFO学の父

ハイネック（1910〜1986）はアメリカの天文学者で、UFO研究の草分けともいえる研究家。多くのUFO関係者は、最も重要な研究家としてハイネックの名をあげ、「ニューズウィーク」誌は1977年にUFO界のガリレオと称したこともある。

シカゴに生まれ、シカゴ大学で天文学博士号を取得後、オハイオ州立大学天文学教授兼マクミラン天文台長、ジョンズ・ホプキンス大学応用物理学実験所顧問、オハイオ州立大学大学院長補佐、ハーバード大学天文学講師などを経て、ノースウェスタン大学天文学部長に就任した。

ハイネックがUFO研究に関わることになったのは、1948年、アメリカ空軍のUFO研究機関プロジェクト・サイン創設の際その顧問となったことがきっかけで、その後プロジェクト・グラッジ、**プロジェクト・ブルーブック**を通じて1968年までの空軍の調査に協力することとなる。

天文学者として、当初はUFO現象そのものに否定的な立場をとっており、1966年のヒルズデイル事件では、謎の発光物体は沼地のガスが発火したものだと判定した事件はなかば伝説と化している。

しかしその後数々のUFO報告に接するうちUFO現象の存在を肯定する立場に転向し、1969年に発表されたコンドン・レポートを批判している。

1973年には個人運営のUFO研究センターを設立した他、第3種**接近遭遇**をはじめとする用語の定義、現象の分類などを確立し、科学的UFO研究の父とも目されている。

当初は**宇宙船説**をとっていたが、長年の研究のなかでUFO現象は複雑で、想像以上に超自然的な側面を持つとして、心霊的な可能性も含めた超地球人説的な見解を唱えるようになった。

プロファイル

天文学者（否定派→肯定派）

J・アレン・ハイネック

1910年5月1日～1986年4月27日
アメリカ合衆国イリノイ州シカゴ出身

- 天文学者として当初はUFOを否定
- 空軍の顧問を務めた後、UFO肯定派へ
- UFO研究用語を制定し、科学的調査に貢献

ハイネックが制定したUFO用語

IFO
UFOとして報告されたが、後の調査で正体が確認されたもの

夜間発光体
夜間、光体として目撃されるUFO。形状は確認できない

日中円盤体
日中のUFO目撃事例。形状は目撃例によって異なる

レーダー目視
肉眼目撃と同時に、レーダーでもUFOが確認される事例

❖ ヒルズデイル事件

1966年3月20日、ミシガン州ヒルズデイルで、ヒルズデイル大学寮女子学生87人の他、民間防衛隊隊長、そして短大の副学部長が不思議な飛行物体を目撃した。物体は女子寮から数百メートル離れた沼地上空で停止しており、フットボール型をしていたという。翌日には、ヒルズデイルから63マイルほど離れたデクスターでも謎の光点を目撃した。この事件はただちに全米で報じられた。事件の調査を依頼されたハイネックは、この光点は水中で腐った植物から放出されるガスが発火したとものと結論した。しかし興奮状態のマスコミは、この結論に不満で、多くの嘲笑的な記事が掲載されることとなった。

関連項目
- プロジェクト・ブルーブック→No.085
- コロラド大学UFOプロジェクト→No.087

No.080
レイモンド・パーマー
Raymond A. Palmer

UFO宇宙船説の普及に大きく寄与したパーマーだが、シェイヴァー・ミステリーへの関与など、研究家というより商売上手な編集者である。

●空飛ぶ円盤を発明した男

　パーマー（1910～1977）は、アメリカのSF作家で、数々の超常雑誌、SF雑誌の編集長を務める傍ら、初期のUFO研究家としても知られる。雑誌編集者としては、掲載小説をさも事実であるかのように過大な宣伝をして大幅に部数を伸ばし、UFO現象の大衆化に大きく寄与した。一方で、内容に虚実を取り混ぜた多数の記事により、まともなUFO研究に混乱をもたらした側面も指摘せざるを得ない。**ジョン・キール**などはパーマーを「空飛ぶ円盤を発明した男」と称している

　パーマーはウィスコンシン州ミルウォーキーに生まれ、子供の頃交通事故に遭った後遺症から背骨が曲がったままとなり、身長が120cm程度で成長が止まってしまった。10代の頃からSF小説を書きはじめ、公式には「ワンダーストーリー」誌に掲載された「ジャンドラの時間光線」で作家デビューする。1938年、28歳で「アメイジング・ストーリーズ」の編集長となり、1944年末から掲載したリチャード・シェイヴァーの一連の作品を現実の歴史であるかのように宣伝することで大幅に部数を伸ばす。

　この一連の作品は**シェイヴァー・ミステリー**と呼ばれるようになり、パーマーの態度はアメリカSF界のスキャンダルになるが、数年後のUFO現象や、さらに後の**アブダクション**を予知したような内容も含まれている。

　パーマーもまた、1947年の**アーノルド事件**に触発され、自分の雑誌でもUFO事件を取り上げるようになるが、社主の不興を買って退社する。またアーノルドとの関係ではモーリィ島事件における捏造にも関与したと疑われている。

　パーマーはその後も「フェイト」誌をはじめ、多くの雑誌を創刊、編集に携わっている。

プロファイル

SF作家・編集者（肯定派？）
レイモンド・パーマー

1910年8月6日〜1977年5月3日
アメリカ合衆国ウィスコンシン州ミルウォーキー出身

- SF作家からパルプマガジンの編集長へ
- フィクションを事実として発表し部数を伸ばす
- 読者を巻き込みUFOの大衆化に寄与

パルプマガジン2誌

パーパーが執筆、編集に携わった「アメイジング・ストーリーズ」誌（写真左）と「フェイト」誌（写真右）の表紙

♣ モーリィ島事件

パーマーは、モーリィ島事件の捏造にも関与したと疑われている。事件は、ワシントン州タコマの湾岸パトロール隊を自称するふたりの人物、フレッド・リー・クリスマンとハロルド・ダールがパーマーに書いた手紙から始まった。2人は、1947年6月21日、モーリィ島沖合で船に乗っていたところ、ドーナツ型の物体6機を目撃、そのうち1機が他の物体と衝突し、非常に軽い金属箔のようなものと黒い岩のようなものを放出したというのだ。パーマーはケネス・アーノルドに調査を依頼し、アーノルドは軍の協力を要請した。結局事件はでっち上げとされたが、ダールが見知らぬ男から脅迫を受けるなど、後のMIBを思わせる要素も含まれている。

関連項目
- シェイバー・ミステリー→No.062

No.081
ジャック・ヴァレー
Jacques F. Valée

コンピューター学者という経歴を持つ研究家。UFO現象と神話や伝説とに共通する要素を唱え、70年代以降のUFO研究に大きな影響を与えた。

●ニューユーフォロジーの旗手

ヴァレー（1939～）はフランス生まれのUFO研究家で、現在はアメリカで活躍している。コンピューター学者でもあり、またジェローム・セリエールのペンネームでSF作家としても知られている。**ジョン・キール**と並び、超地球人説の草分け的存在となっている。

ヴァレーは、著名な判事を父に、フランスのポントワーズに生まれた。フランス随一の名門ソルボンヌ大学で天文学を学び、リール大学で修士号を取得したが、既に1954年頃からUFO現象に関心を有していた。1963年に渡米し、テキサス大学を経てノースウェスタン大学でコンピューター・サイエンスの博士号を取得するが、ノースウェスタン大学を選んだ理由は、UFO研究家の第一人者である**J・アレン・ハイネック**博士が在籍していたからだといわれている。

一時ノースウェスタン大学、スタンフォード大学で教鞭をとった後、自らコンピューター会社を設立して、スタンフォード・インフォメーション顧問やNASA火星地図作製プログラム顧問なども務めた。

1965年、最初の著作『現象の解剖』を発表した頃は、UFO**宇宙船説**をとっており、科学的方法でUFO現象の全体像を解明しようと試みていたが、以後次第に宇宙船説に疑問を抱くようになった。

1969年に発表した『マゴニアへのパスポート』は、ヨーロッパにおける妖精など民間伝承や神話、キリスト教神学とUFO現象との類似性について考察を加えたもので、UFO現象は他の天体から飛来した宇宙船などという安易な説明はできず、人類の歴史はじまって以来継続的に生じていた現象の一環であり、その現れ方が異星人の来訪という形態に変じたものではないかとの可能性を示唆した。

プロファイル

コンピューター学者・UFO研究家（肯定派）

ジャック・ヴァレー

1939年9月24日～
フランス、ポントワーズ出身

- UFO宇宙船説には否定的な立場をとる
- 神話・宗教とUFO現象の類似性に言及
- 何者か（超地球人?）が情報操作していると主張

❖ ヴァレーの国連演説

カリブ海の小国グレナダは、1977年と1978年の国連総会においてUFO研究の重要性を強調し、UFO専門の新しい研究機関を国連に設置すべきだと主張した。これは、当時のゲイリー首相の固い信念に基づいたもので、1978年にはJ・アレン・ハイネック博士やラリー・コイン中佐とともにジャック・ヴァレーもグレナダ代表団の一員として、国連の特別政治委員会で演説を行った。この時、ジャック・ヴァレーは以下のように述べた。

> UFO現象は実際に発生しているが、自分はまだこれが宇宙からの訪問者を意味すると立証しえてはいない。UFO現象には3つの局面がある。第一の局面は物理現象としてのUFO現象で、これは既存の科学的機器を用いて調査されるべきだ。第二の局面は、心理・生理学的なもので、UFO目撃者がしばしば経験する精神の混乱状態や時間観念の喪失、その他さまざまな心理的症状である。第三の局面は、世界各地で起こっている、異星人の来訪を期待するという新しい社会現象で、これはUFO現象に真面目が関心が払われなかったために引き起こされたものである。

翌年のクーデターでゲイリー首相が失脚したため、その後国連の場で公式にUFO問題が取り上げられたことはない。

関連項目

- マゴニアとラピュター→No.065
- J・アレン・ハイネック→No.079
- ジョン・キール→No.075

No.082
エメ・ミシェル
Aime Michel

フランスを代表するUFO研究家で、そのオーソテニー理論で名高い。後の超地球人説の先駆ともいえるような主張も行っている。

●孤高のフランス人研究家

エメ・ミシェル（1919〜1992）はフランスのUFO研究家にして、数学者で技師でもあるが、彼には孤高というイメージがつきまとっている。実際1975年以降はほとんど隠遁生活を送っていた。

彼は、エクス、グルノーブル、マルセイユの各大学で音響学や楽器を学んだ後、一時私立校で教職に就いたが、1944年から1958年までフランス国営の短波ラジオ、1958年から1975年まではフランス・ラジオ・テレビ社で記者を務めていた。

一方で、1954年から1965年までは、動物のコミュニケーションについても研究を行い、いくつかの記事を書いている。

エメ・ミシェルは、少年時に小児麻痺を患ったため、右脚に少し障害を残している。このことは、彼が各種の神秘的現象に魅了される原因の1つとなったようで、幼い頃からそうした現象に関心を持ち続けていた。UFO研究もその一環である。

UFOに関し、ミシェルは最初、太陽系内の他の惑星から飛来する宇宙船だと考えていたようだが、その後の惑星探査の結果この説を放棄せざるを得なくなった。それでも**宇宙船説**に固執して、遠く離れた他の太陽系から飛来すると仮定した場合、それを可能にするような技術は現在の地球の科学理論とまったく異なる次元や体系に属しているという結論に至った。その結果彼は、人類自身の思考がそうした次元の技術を受け入れることのできる新たなパラダイムにシフトしない限り、そのような存在とのコミュニケーションは難しいのではないかと考えた。

ミシェルはまた、UFO目撃の場所を結ぶと、しばしば直線になるという、オーソテニー理論を唱えたことでも知られている。

プロファイル

数学者・UFO研究家(肯定派)

エメ・ミシェル

1919年～1992年
フランス出身

- 科学的に判断して宇宙船説は否定
- 超地球人説の先駆けともいえる説を唱えた
- 「オーソテニー理論」を唱えた

オーソテニー理論

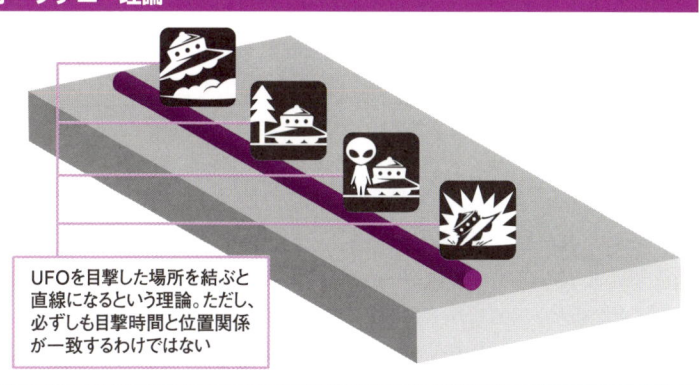

UFOを目撃した場所を結ぶと直線になるという理論。ただし、必ずしも目撃時間と位置関係が一致するわけではない

❖ クロード・ポエル

　1936年生まれ。ジャック・ヴァレーやエメ・ミシェルと並び、フランスを代表するUFO研究家といえるのがクロード・ポエルで、フランス国立宇宙センター(CNES)所属の科学者で天文学・天体物理学博士号を有していた。1969年にアメリカを訪問し、アレン・ハイネックと知り合ったことからUFOに関心を持ち、1977年のGEPAN創設時にその局長となる。その後GEPANの職を退いたあとも、個人的にUFO研究を続け、ウンモ星人のUFOを写したとされる写真がトリックであることを見破った。

関連項目

- 宇宙船説→ No.092

No.083
ドナルド・メンゼル
Donald Menzel

UFO研究初期に現れた最大の否定論者。天文学者としての立場から、UFOはすべて既知の現象の誤認であると強力に主張した。

●否定派の重鎮

ドナルド・メンゼル（1901～1976）はアメリカの天文学者で、代表的なUFO否定論者。UFO報告はすべてでっちあげか、各種の自然現象や既知の飛行物体を誤認したものだと強固に主張した。

特に、UFO**宇宙船説**については否定的で、宇宙のどこかに地球以上に文明の発達した星が存在する可能性はあるとしても、報告されるほど頻繁に地球を訪問することはできないとする。彼は、天空には星や惑星、気球、飛行機など容易にUFOと誤認されうる物体が無数にあり、時には通常の人間より知識と観察力のあるパイロットなどでさえ見間違えると主張する。

メンゼルは、1924年にプリンストン大学で天体物理学博士号を取得、以後1925年までアイオワ大学、1925年から1926年までオハイオ州立大学、続いて1926年から1932年までカリフォルニア大リック天文台に勤めた後、1932年にハーバード大学助教授となる。1938年には教授に昇進し、1954年にはハーバード大学天文台長と、アカデミズムの領域で着実にキャリアを重ねてきた。

メンゼルがUFO現象に関わりを持つようになったのは、1952年のウェイヴの時で、多くのUFO目撃報告が寄せられたことから、「ルック」誌と「タイム」誌の依頼でUFO現象の解明を行った。彼の主張は、UFOはすべて蜃気楼、反射、雲の中の氷の結晶、光の屈折、気温逆転層などの自然現象で説明可能というものだった。肯定派の**ジェイムズ・マクドナルド**や**ドナルド・キーホー**、**J・アレン・ハイネック**らなどとは何度も論争を繰り広げ、自らサンタクロースを撃ち落した男と表現したこともある。

後の**MJ12事件**では、メンゼル自身がMJ12の一員であるとされた。

プロファイル

天文学者（否定派）

ドナルド・メンゼル

1901年4月11日～1976年12月14日
アメリカ合衆国コロラド州フローレンス出身

- UFOは宇宙人の乗り物ではない
- すべてのUFO目撃報告は自然現象の誤認だ
- クラスが肯定派と思えるほどの絶対否定派

蜃気楼とUFO

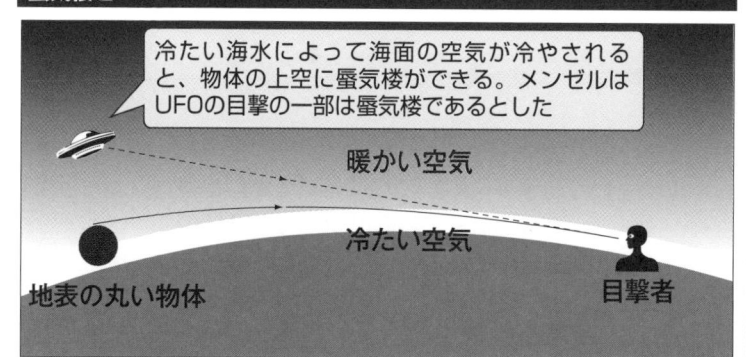

冷たい海水によって海面の空気が冷やされると、物体の上空に蜃気楼ができる。メンゼルはUFOの目撃の一部は蜃気楼であるとした

暖かい空気
冷たい空気
地表の丸い物体　　　目撃者

❖ 気温逆転層とは？

通常、上空にいけばいくほど気温は低くなるが、放射冷却などの自然現象により逆に上昇する場合がある。このような現象を気温逆転層（逆転層）という。上図のような蜃気楼も逆転層の発生によって起きるといわれている。メンゼルは下院公聴会で誤認説を発表、気象学者で肯定派のジェイムズ・マクドナルドと意見を異にした。また、プロジェクト・ブルーブックのルッペルトは、レーダー波が逆転層の影響を受けて、別の物体を探知する場合があり、その場合、UFOのように、スクリーン上を信じられない速度で飛行しているように見えると説明した。

関連項目

- MJ12事件 → No.027
- 誤認説 → No.097

No.084
ロレンゼン夫妻

James & Coral Lorenzen

アメリカの代表的な研究家夫妻。世界初の民間UFO研究団体である空中現象調査機関（APRO）を設立。APROは世界的な機関に成長した。

●APRO設立者

　ジェイムズ・ロレンゼンとコーラル・ロレンゼンのロレンゼン夫妻は、アメリカを代表する民間UFO研究機関である空中現象調査機関：APRO（アブロ）（Aerial Phenomena Research Organization）の共同設立者として有名である。

　コーラル・ロレンゼンは、1925年、ウィスコンシン州ヒルズデイルに生まれた。少女時代の1934年に半円型をしたUFOが空を横切るのを目撃したことから、UFOに関心を持つようになった。3年後にこのことを主治医に話したところ、**チャールズ・フォート**の著書を紹介され、超常現象の分野に一層の関心を深めることになった。一方のジェイムズ・ロレンゼンは、1925年にミネソタ州グランド・ミードゥに生まれ、高校卒業後ミュージシャンとなっていた。

　2人が知り合ったのは、1942年、ともに軍に勤務していた時のことで、2人は翌年結婚した。戦後、ジェイムズはミュージシャンの他、ラジオ技術者、アナウンサー、レーダー施設の監督などで働いていたが、一方コーラルの方は1947年6月10日、2度目のUFO目撃を体験する。

　こうして1952年、夫妻はウィスコンシン州スタージョン・ベイに世界最初の民間UFO研究機関であるAPROを設立する。このようにAPROの設立は、主として夫人コーラルの関心によるものと思われ、1964年までコーラルが会長を務めていた。しかし、1964にアリゾナ州タクソンに移住してからは、夫のジェイムズが会長を務めるようになった。

　夫妻は、基本的にUFO**宇宙船説**の立場をとり、APROは、アメリカを代表する民間UFO研究機関の1つとして活動していたが、1987年にジェイムズが、翌年コーラルが死亡したことにより自然消滅した。

プロファイル

UFO研究家（肯定派）

ロレンゼン夫妻

ジム（左）：1925年～1987年
アメリカ合衆国ミネソタ州グランド・ミードゥ出身
コーラル（右）：1925年～1988年
アメリカ合衆国ミネソタ州ヒルズデイル出身

- 世界初の民間UFO研究団体を設立
- 世界各国の研究家と協力関係を築いた

ウォルトン事件のその後……APROの動きとクラスの追求

1975年11月

日	月	火	水	木	金	土
						1
2	3	4	⑤	6	7	8
9	⑩	⑪	12	13	14	⑮
16	17	18	19	20	21	㉒
23	24	25	26	27	28	29
30	31					

1975年11月5日 …… アブダクション事件発生
1975年11月10日 …… 警察が殺害等の嫌疑で仲間をポリグラフにかける。警察はでっち上げと発表
1975年11月11日 …… トラヴィス・ウォルトン生還。同日夜、APROが調査協力を申し出る
1975年11月15日 …… APROと地元紙によるトラヴィスのポリグラフと精神科医による診察が行われる。結果はクロだったがAPROは隠蔽
1975年11月22日 …… トラヴィスとジム・ロレンゼンがテレビに出演。アブダクション体験を語る

▼

NICAPは「疑いがある」と発表。他団体もでっち上げの可能性があると発表。APROは「UFO現象の歴史の中で、最も重要で興味深いもののひとつ」と評価

1976年2月

日	月	火	水	木	金	土
1	2	3	4	5	6	⑦
8	9	10	11	12	13	14
15	16	17	18	19	20	21
22	23	24	25	26	27	28

1976年2月7日 …… APROはウォルトンがポリグラフの検査にパスし、事件は事実だったと発表

▼

フィリップ・クラスはポリグラフ検査に疑惑の念を抱く。独自に調査を開始するとポリグラフの質問に問題があったことが発覚。また、ウォルトンら作業員が仕事で問題を抱え、財政的に困窮していたことも調べ上げる

1976年6月

日	月	火	水	木	金	土
		1	2	3	4	5
6	7	8	9	10	11	12
13	14	15	16	17	18	19
⑳	21	22	23	24	25	26
27	28	29	30			

1976年6月20日 …… クラスは調査をまとめた公式報告書を発表。新聞社、研究団体に報告書を送付

▼

APRO以外の研究団体は機関誌などに報告書を掲載、事件はでっち上げだったと発表した。APRO側、11月15日のポリグラフ検査を発表するも、ねつ造疑惑は否定

関連項目

- チャールズ・フォート→No.071
- 全米空中現象調査委員会→No.088

No.084 第3章 ● UFO研究家＆研究団体

No.085
プロジェクト・ブルーブック
Project Blue Book

アメリカ空軍は、1948年から1969年まで、21年にわたり公式UFO研究機関を運営した。その最後がプロジェクト・ブルーブックである。

●アメリカ空軍研究に乗り出す

　プロジェクト・ブルーブックとは、アメリカ空軍がライトパターソン空軍基地内に設置したUFO研究機関の名称である。アメリカ軍のUFO研究機関設置は、1948年1月、陸軍航空資材司令部がトワイニング中将の見解にもとづき、当時のライトフィールド空軍基地、のちのライトパターソン空軍基地にプロジェクト・サインを設置したことにはじまる。

　プロジェクト・サインは、発足当初暫定的にプロジェクト・ソーサーと呼ばれたこともあるが、その業務は1949年2月にプロジェクト・グラッジに引き継がれることとなった。プロジェクト・グラッジには、当時オハイオ州立大学天文学教授兼マクミラン天文台長であった**J・アレン・ハイネック**も参加したが、1949年8月、UFOが国家の安全保障に直接の脅威を及ぼすことはない、とする内容の報告を提出、その後人員も縮小されていった。しかし1951年9月、ニュージャージー州フォート・マンマス基地でのUFO事件が発生したため再編されることとなり、1952年に、プロジェクト・グラッジを引き継ぐ形でプロジェクト・ブルーブックが発足した。発足時の責任者はエドワード・J・ルッペルト大尉で、正規スタッフはわずか10名であったが、その背後には全米空軍基地の将校、全世界の米空軍レーダーステーションがあった。1952年だけで1501件の目撃報告を処理し、そのうち303件が正体不明としたが、1953年に**ロバートソン査問委員会**がUFOに否定的な報告を提出したためその規模は縮小され、さらに1969年に**コロラド大学UFOプロジェクト**が出したコンドン・レポートがもとになってその年の12月に解散した。

　1969年、空軍は1947年以来収集したUFO報告の総決算を発表、総計12,618件のうち解明できなかったものが701件と発表した。

アメリカ空軍のUFO研究組織の歴史

※右のマスは米空軍UFO研究組織の規模

- 1947年6月　アーノルド事件（P008参照）
- 1948年1月　プロジェクト・サイン設置
- 1949年2月　プロジェクト・グラッジ設置
- 1951年9月　フォート・マンマス基地UFOレーダー・目視事件
- 1952年3月　プロジェクト・ブルーブック設置
- 1952年7月　ワシントン上空UFO事件（P022参照）
- 1953年1月　ロバートソン査問委員会開催（P182参照）

プロジェクト・ブルーブックの組織縮小

- 1966年10月　コロラド大学UFOプロジェクト開始（P184参照）
- 1969年12月　プロジェクト・ブルーブック解散

♣ エドワード・J・ルッペルト大尉

　1923年～1960年。プロジェクト・ブルーブックの初代長官を務めた空軍大尉。1952年3月の発足時に長官に任命され、多くのUFO事件を調査した。それまで用いられていた空飛ぶ円盤に代わりUFOという用語を使用したのもルッペルトである。ロバートソン査問委員会の報告が提出された直後の1953年9月にプロジェクト・ブルーブックから退き、12月には退役した。その後1956年になって『未確認飛行物体に関する報告』を出版したが、1960年に心臓発作で死亡した。

関連項目

●ロバートソン査問委員会→No.086　　●コロラド大学UFOプロジェクト→No.087

No.086
ロバートソン査問委員会
Robwrtson Panel

ロバートソン査問委員会開催には、CIAが関与した。会議には、UFO研究の父といわれるハイネック博士も准メンバーとして参加していた。

●CIAの関わるUFO会議

　アメリカ中央情報局（CIA）の後援で開催されたUFO目撃報告を評価するための査問会がロバートソン査問委員会である。CIAは、1952年に発生した**ウェイヴ**が原因で、UFO現象に関心を持ち、1953年1月13日から17日まで、5名の科学者、2名の準メンバー、空軍とCIAの代表が出席する会議をワシントンD.C.で開催した。この会議の議長を、カリフォルニア工科大学の物理学者、H・P・ロバートソン博士が務めたため、通称ロバートソン査問委員会と呼ばれる。他のメンバーとしては、電子スピンを発見し理論物理学創設にも尽力したサミュエル・A・ハウトスミット博士、高エネルギー物理学者で後にノーベル物理学賞を受賞するルイス・アルバレズ博士、ジョンズホプキンス大学の天文学者ソーントン・ペイジ博士、ブルックリン国立研究所の物理学者ロイド・バークナーなど、当時を代表する科学者が何名も含まれていた。准メンバーに選ばれたのは**J・アレン・ハイネック**とフレデリック・C・デュランであった。

　こうした当時一流の科学者で構成された査問委員会は、**プロジェクト・ブルーブック**が収集したUFO報告を検討し、空軍報道士官など多くの士官と面談を行い、航空技術センターが用意した映像フィルム、写真、報告書を調査した。結果、ほとんどの目撃報告が、自然に起こった物理的現象あるいは大気現象として説明可能で、国家の安全にとって直接的な脅威となる証拠はなく、敵対行為を示す証拠も地球外生命体の招待だとする証拠もないとの結論を下した。一方で、大衆がUFO報告に惑わされる可能性については注意を促し、敵のプロパガンダに利用されることに警戒を発した。この報告が原因となって、プロジェクト・ブルーブックの規模は縮小されることとなった。

CIAの目的

CIAの疑問

1. UFO報告は軍の通信機能を妨害するため？
2. UFOはソ連の秘密兵器？

↓ 調査を専門家に依頼

ロバートソン査問委員会

情報提供
アメリカ空軍

分析

委員会メンバー
- H・P・ロバートソン博士（物理学）
- サミュエル・A・ハウトスミット博士（原子物理学）
- ロイド・V・バークナー博士（地球物理学）
- ルイス・アルヴァレス博士（レーダー・エレクトロニクス学）
- ソーントン・L・ペイジ博士（天文学）

準メンバー
- フレデリック・C・デュラン三世（米ロケット協会長）
- J・アレン・ハイネック（P168参照）

↓ CIAへの報告

- UFOが直接的な驚異となる確証は得られない
- 外国製の人工物体による敵対行為であるという証拠はない
- UFO現象は現在の科学的概念で十分説明できる

↓

プロジェクト・ブルーブックの縮小

関連項目
- ウェイブ→No.058
- プロジェクト・ブルーブック→No.085
- J・アレン・ハイネック→No.079

No.087
コロラド大学UFOプロジェクト
University of Colorado UFO Project

コロラド大学UFOプロジェクトは、通常コンドン委員会と呼ばれる。
否定的な見解を示し、プロジェクト・ブルーブックを解散に追い込んだ。

●ブルーブックを殺した者

　1966年、**プロジェクト・ブルーブック**を再審理するための臨時委員会、通称オブライエン委員会は、空軍が少数の大学と契約し、年間100件の目撃を調査できる体制を作るよう提言した。これを受けて空軍はいくつかの大学に協力を打診したが、多くの大学に協力を断られ、最終的にコロラド大学がUFO研究への協力を引き受けた。

　こうして1966年10月、コロラド大学に設置されたのが「コロラド大学UFOプロジェクト」で、責任者に物理学者のエドワード・U・コンドン博士が就任したため、通称コンドン委員会と呼ぶ。このプロジェクトには、各分野の学者40人が参加していたが、常勤として参加したのは、プロジェクト・コーディネーターのロバート・ロウのみであった。

　コロラド大学は、このプロジェクト実施のため、空軍から計50万ドル強の補助金を受け取り、1966年11月から1968年10月31日まで、2年にわたりUFO報告の調査を行った。そして1968年11月に最終報告書、通称"コンドン・レポート"を作成して終了した。

　コンドン・レポートの内容は、UFO宇宙船説のみならずUFO現象そのものに対しても否定的な内容であり、それまでの21年間のUFO研究によって現代の科学知識にプラスになるものは明らかにされず、またUFOは国家の安全に対する脅威とは認められない。さらに、今後プロジェクト・ブルーブックのような機関は必要ないなどと述べている。

　この報告がもとでプロジェクト・ブルーブックは解散したが、コンドン・レポートによれば、UFO報告の90％は普通の自然現象であるが、具体的報告例59例中23例、つまり3分の1以上は説明不可能であるとも述べている。

コロラド大学UFOプロジェクトの流れ

1966年 3月
- ヒルズデイル事件 — 警官や学生がUFOを目撃
- オブライエン委員会開催 — プロジェクト・ブルーブックは必要なのか？

↓

1966年 4月
- 下院軍事委員会で公聴会開催 — UFO現象を説明しろ！ ← 政治の介入

↓

1966年 11月
- コロラド大学UFOプロジェクト
- **目的**：UFOは「宇宙人の乗り物」なのか「何かの現象」なのか

↓ 2年にわたる科学的な検証 ↓

1968年 11月
- コンドン・レポート
- **結論**：21年間のUFO研究により現代の科学知識にプラスになるものはなかった。今後、より大規模な調査研究を継続しても科学の進歩には寄与しない

関連項目
- プロジェクト・ブルーブック→No.000

No.088
全米空中現象調査委員会
NICAP

海軍の物理学者であったトーマス・タウンゼント・ブラウンらが設立した民間研究団体。その後キーホーを会長に成長するも活動を停止。

●当時世界最大のUFO研究団体

　全米空中現象調査委員会、略称NICAP（ナイキャップ）（National Investigations Committee on Aerial Phenomena）は、1956年に設立されたアメリカの民間UFO研究団体。一時は1万2000人もの会員を擁するアメリカ最大、つまり世界最大のUFO団体となったが、その後衰退し1973年に解散した。

　NICAPは1956年10月、海軍の物理学者であったトーマス・タウンゼント・ブラウンを会長として設立されたが、設立直後に財政難に陥ったことから**ドナルド・キーホー**とブラウンの対立が表面化し、翌年1月にはキーホーが会長となった。

　UFO宇宙船説を主張し、アメリカ軍がUFO情報を隠匿しているとの陰謀説を唱えるキーホーの指導下で、多くの退役軍人や科学者などを理事会メンバーに招き入れNICAPは次第に一般の会員数を増やした。

　1968年には**コロラド大学UFOプロジェクト**にも協力したが、1969年にコンドン・レポートが公表されて以来会員数の低下に悩み、さらに内紛からキーホーが追放されたこともあって次第に衰退した。

　同じくアメリカを代表する民間UFO研究団体である空中現象調査機関（APRO）とは当初協力関係にあったが、APROを主宰する**ロレンゼン夫妻**は、陰謀説を主張するNICAPを政治的圧力団体とみなすようになり、関係は悪化した。

　1975年のトラヴィス・**ウォルトン事件**をめぐっては、APROがある程度好意的な反応を示したのに対し、NICAPは事件を捏造であると決めつけ、両機関の意見の相違が表面化した。

NICAP(キーホー)の要求

アメリカ政府
UFOに関する議会公聴会の開催を強く要求

CIA
ロバートソン査問委員会の報告書を公開するよう要求

対立 → **NICAPの主張**
空軍にはUFO実在の証拠がある
← **対立**

アメリカ空軍
隠しているUFO情報をすべて公開するよう要求

コンタクティ
コンタクトの証拠やポリグラフ結果の提出を要求

❖ カーター元大統領の目撃

アメリカ合衆国第39代大統領となるジミー・カーターは、ジョージア州知事時代の1969年1月6日午後7時15分頃、ジョージア州南部のリーリーという町でUFOを目撃した。彼が見たUFOは月くらいの大きさで明るく、次第に小さくなって赤く色が変わったあと、再度大きくなったという。現場にいた約20名ほどの人物も、このUFOを目撃している。この報告は全米空中現象調査委員会に保管された。

関連項目
- ドナルド・キーホー→No.074
- ロレンゼン夫妻→No.084
- コロラド大学UFOプロジェクト→No.087
- ウォルトン事件→No.024

No.089 フランス国立宇宙センター

CNES:Centre National d'Études Spatiales

フランスの公的な宇宙開発機関である国立宇宙センターは、今も傘下にUFO研究機関を持っていることで知られている。

●現在も続く政府機関によるUFO研究

　フランス国立宇宙センターは、1961年に設立されたフランスの公式宇宙開発機関であり、アリアン・ロケットの開発などでも有名である。EUの発足に伴い、現在はヨーロッパ宇宙機構と連携しているが、アメリカ、ロシアに次ぐ第3の宇宙大国フランスの機関として、ヨーロッパ諸国の宇宙開発をリードする立場にある。その国立宇宙センターは、1977年以来、UFO研究専門の部署を持つことでも知られており、この部署は、現在先進国で唯一の公的UFO研究機関となっている。

　1977年に最初に設立されたのが、UFO研究家としても知られるクロード・ポエルに率いられたGEPAN（Groupe d'Études des Phénomènes Aérospatiaux Non Identifiés）であった。GEPANは、フランスの科学団体や**J・アレン・ハイネック**のUFO研究センターなどとも協力し、主としてフランス国内の事例を調査した。運営は7人の科学者の監督を受けていたが、実際の常勤職員はポエルだけであった。フランスの憲兵隊は、UFO情報を得たら必ずGEPANに報告するよう指示されていたという。

　1988年、GEPANはSEPRA（Service d'Expertise des Phénomènes de rentrée atmosphériqueに改組（2000年に改称）。SEPRAはトゥールーズに本部を置き、ジャン＝ジャック・ヴェラスコが新たにその長となった。

　国立宇宙センターはまた、2001年から2002年にかけて、科学者や政治家、軍人など33名に対する聞き取り調査を行い、UFO研究は科学的調査に値するとの結論を得たが、2004年にはSEPRAを再度改編し、GEIPAN（Le Groupe d'Études et d'Informations sur les PAN）とした。

　国立宇宙センターはこうした活動の結果集められたUFO情報を、2007年1月よりそのホームページにて公開している。

GEPANとSEPRAのUAP※分類

1977年から目撃報告のあった約6000例を分類したもの

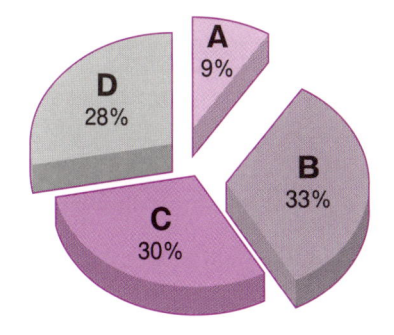

- A 9%
- B 33%
- C 30%
- D 28%

※：UAPとはCNESにおけるUFOの呼称。
Unidentified aerospace phenomenon：未確認空中現象

目撃報告は他の現象であると

タイプA：確実に特定できたもの……9%

タイプB：ほぼ間違いなく特定できたもの……33%

タイプC：不十分な情報のため特定できなかったもの……30%

タイプD：特定できなかったもの……28%

❖ 米仏日以外の研究家

　イロブラント・フォン・ルトビガー（1937～）はドイツのUFO研究家である。ハンブルク大学、エアランゲン大学、ニュールンベルク大学で数学、物理学、化学などを学ぶ。1964年から、ミュンヘン郊外オットーブルンの航空宇宙企業ベルコウ社（現ダイムラーベンツ・エアロスペースAG）でシステムアナリストとなる。1974年、相互UFOネットワーク（MUFON）中欧支部を設立。長年兵器システム開発に携わったエンジニアの視点から、主としてヨーロッパの事件を研究。その正体についてはタイムマシン説を唱えている。

関連項目
- J・アレン・ハイネック→No.079
- エメ・ミシェル→No.082

No.090
日本空飛ぶ円盤研究会
JFSA:Japan Flying Saucer Research Association

日本におけるUFO研究が本格化したのは、1955年の日本空飛ぶ円盤研究会結成にはじまる。三島由紀夫や石原慎太郎なども参加した。

●日本の代表的な研究団体

　日本で最初のUFO研究団体としてUFO史に名を残すのが、「日本空飛ぶ円盤研究会」である。日本最初の研究会というだけでなく、その会員として多くの著名人が名を連ねたことでも知られている。

　日本空飛ぶ円盤研究会は、日本のUFO研究の草分け的存在である荒井欣一が中心となって、1955年7月1日に設立された。

　荒井欣一は大正12年東京五反田に生まれ、第二次世界大戦中は陸軍航空隊でレーダー装備を担当していた。

　戦後は一時大蔵省印刷局に勤務していたが、1947年の**アーノルド事件**の記事を目にしたことからUFOに関心を持つようになり、日本空飛ぶ円盤研究会設立時には、大蔵省を退職して古書店を開業していた。

　日本空飛ぶ円盤研究会は、内外のUFO情報を収集しての研究活動に加え、講演活動や、機関誌である「宇宙機」の発行などを行った。また、その後設立された数々のUFO研究会の多くも、何らかの形で日本空飛ぶ円盤研究会と関わりを持っていた。

　この研究会は、全盛時には約1000名の会員を擁し、作家北村小松、徳川夢声、糸川英夫、三島由紀夫、石原慎太郎、星新一など名だたる著名人も名を連ねていた。

　1960年には、一時活動を休止したが、荒井欣一はその後も国内の様々なUFO研究団体と関わりを持ちつつ活動を再開し、1979年には、UFO関連資料を集めた世界最初の「UFOライブラリー」を開設するなど、日本のUFO界で重鎮として活躍したが、2002年に惜しまれつつ他界した。

日米のおもな民間UFO研究団体の歴史

日本	西暦	アメリカ
	1952年	「APRO:空中現象調査機関」設立 （ロレンゼン夫妻→P178参照）
「JFSA:日本空飛ぶ円盤研究会」設立 （荒井欣一）	1955年	
「MSFA:近代宇宙旅行協会」設立 （高梨純一）	1956年	「NICAP:全米空中現象調査委員会」設立 （ドナルド・キーホー→P158参照）
「CBA:宇宙友好協会」設立 （松村雄亮）	1957年	「GSW:円盤地上監視機構」設立 （ウィリアム・スポールディング）
「日本GAP」設立 （久保田八郎）	1961年	
「JUFORA:日本UFO研究会」設立 （平田留三）	1965年	
	1969年	「MUFON:相互UFOネットワーク」設立 （ウォルター・アンドラス他）
「日本宇宙現象研究会」設立 （並木伸一郎）	1971年	
	1973年	「CUFOS:UFO研究センター」設立 （J・アレン・ハイネック→P168参照）
	1979年	「FUFOR:UFO研究基金財団」設立 （ブルース・マカビー他）

注：カッコ内は設立者、代表者などの重要人物

関連項目

●アーノルド事件→No.001

UFOとSF小説

　異星人が登場するSF小説や映画、テレビ番組が、UFO事件に影響を与えている可能性が、時に指摘されている。

　有名なヒル夫妻事件でも、夫妻が描写したUFO搭乗員の姿は、アメリカのテレビ番組「アウター・リミッツ」に登場した異星人に影響されたとの主張もある。

　また、1947年のアーノルド事件の前年から、円盤型航空機のイラストがSF雑誌に掲載されていたという主張もある。

　当時アメリカでは、
「アスタウンディング・サイエンス・フィクション」
「アメイジング・ストーリーズ」
「ウィアード・テイルズ」
「ファンタスティック・アドヴェンチャーズ」
　など、何冊ものSF雑誌が発行されていた。

　SFの世界では、宇宙旅行はもう一般的なテーマで、エドワード・エルマー・スミスのスカイラーク・シリーズやレンズマン・シリーズ、エドモント・ハミルトンのキャプテン・フューチャー・シリーズなど、外宇宙を舞台にした冒険シリーズも人気を博していた。

　しかし、この時代のSF雑誌に描かれた宇宙船は、ほとんどがロケット型や球形などで、円盤型はほとんど見られない。

　このうち、アーノルド事件以前に円盤型飛行物体のイラストが掲載されたといわれるのが、「アメイジング・ストーリーズ」である。

　当時、この雑誌の編集長をしていたのが、初期のUFO研究家としても知られるレイモンド・パーマーであり、ジョン・キールなどはこの雑誌のイラストにより、多くのアメリカ人の深層心理に、円盤型飛行物体のイメージが刻まれたと主張している。キールはこの主張に基づいてパーマーのことを、「空飛ぶ円盤を発明した男」と呼んだ。

　他方、ヒラリー・エヴァンズなどは、一部のSFファンを除き、それほど大勢の人間がこのイラストを目にしたとは考えられないと反論している。

　いずれにせよ、円盤型飛行物体については、アーノルド事件で空飛ぶ円盤が確認されるまで、SFの世界でもそれほど一般的ではなかったようだ。

　1901年のウェルズの作品「月世界最初の人間」において、既に球形の宇宙船ケイヴァーライト号が生まれていることを考えると、単にそれを平たくつぶすだけの発想がなかなか生まれてこなかったことこそ奇妙である。

　第二次世界大戦中、アメリカやナチス・ドイツが円盤型航空機の開発を試みていた事実を考えると、製作に携わる技術者たちの試行錯誤の方が、SF作家のイマジネーションをはるかに上回っていたといえるだろう。

第4章
UFOの正体

No.091
UFO学説
UFO Theories

UFOらしき物体の目撃記録は現代だけではない。世界各地で目撃されるUFOがいったい何なのかをめぐり、数々の仮説が提唱されている。

●UFOの正体に迫る試み

　UFOという言葉は、「未確認飛行物体」を意味する英語「Unidentified Flying Object」の略語であり、**プロジェクト・ブルーブック**長官であったエドワード・ルッペルト大尉が制定した、いわば公式の用語である。

　名称の通り、UFOの正体は未だに「未確認」であるが、その正体については様々な学説ともいうべき意見が提唱されている。

　そもそもUFO否定派の立場からすれば、UFOなどというものは存在せず、意図的な捏造でなければ鳥や飛行機、気球など既存の飛行物体の誤認、あるいは蜃気楼や気温逆転層などの自然現象にすぎない。一方、そうした説明では完全に排除しきれない、未確認の飛行物体が確かに存在すると主張する者たちの間でも、その正体となると意見は様々である。

　基本的には、UFOは何らかの機械的飛行装置であるとする説と、それ以外の説とに大別することができるだろう。UFOを飛行装置と考える説は、一部でボルト・ナット派と揶揄されることもあるが、何者がそれを作成していると考えるかによって細分化できる。

　最も有名なのが、UFOは地球以外の天体に住む知的な生命体が製作した宇宙船であるというものだ。他に地球上のある国、あるいは組織が製作した秘密兵器だとする説もあれば、海底や地底に密かに存続する古代文明人の産物とする説もある。

　UFOが機械装置以外の何かであるとする説には、未知の自然現象説、生物説、心霊現象説、心理現象説などがある。さらにUFOそのものが陰謀の産物であるとか、各地の伝説や昔話に残る妖精事件との関連に注目し、他の超常現象も含めた統一的な原因を求めようとする超地球人説なるものも唱えられている。

UFOとは

U F O
Unidentifel　Flying　Object
▼　　　　▼　　　▼
未確認の　飛行する　物体

UFO学説一覧

名称	解説
宇宙船説	UFOは地球以外の天体に住む異星人の乗り物とする説
秘密兵器説	UFOは地球上のいずれかの国や組織が密かに製造した秘密兵器とする説
地底起源説	UFOは地球内部の空洞から飛来するという説
海底起源説	海底にUFOの基地があるとする説
タイムマシン説	UFOは未来からきたタイムマシンとする説
誤認説	そもそもUFOなどというものは存在せず、既知の飛行物体や自然現象を誤認したものとする説
陰謀説	UFO情報を政府機関が隠匿しているという説。逆に政府が諸目的のためUFO現象を喧伝しているとする説もある
生物説	UFOはじつは一種の生物であるとする説
心霊現象説	UFOと心霊現象を結びつけ、霊界人の乗り物、あるいは心霊現象の一種とする説
心理投影説	心理学者のユングが唱えた説

関連項目

●プロジェクト・ブルーブック→No.085

No.092
宇宙船説
The Extraterrestrial Hypothesis

ほとんどの人がUFOを異星人の宇宙船と考えるだろう。UFO宇宙船説は最も有名な説であるが、天文学者の多くはこの説に否定的である。

●地球外起源説

UFO学説のうち最も有名なものは、地球以外の天体に住む知的生命体が作成した宇宙船であるとする宇宙船説であろう。英語を直訳すれば地球外仮説となるが、本書では宇宙船説と呼ぶことにする。一般にUFOイコール異星人の乗り物というイメージがかなり定着しているといってよい。

宇宙船説の草分けは、超常現象研究の草分けでもある**チャールズ・フォート**といわれており、**フランク・エドワーズ**や**ドナルド・キーホー**など、初期のUFO研究家の多くはこの説をとっていた。一方で、UFOは宇宙船であるという固定観念があまりにも強いため、巨視的なUFO認識が妨げられている面もある。UFOの存在を否定する天文学者などの意見も、よく聞いてみるとUFO宇宙船説のみを否定していることが多い。

宇宙船説と一口にいっても、その発信地となる天体をめぐっては諸説ある。1947年の**アーノルド事件**により、UFO現象が確認された直後は、太陽系内の惑星のいずれかから飛来しているという説が有力であり、**ジョージ・アダムスキー**や**ダニエル・フライ**といった初期のコンタクティーたちも、UFOの故郷を太陽系内の惑星と主張していた。しかしその後、太陽系の科学的調査が進んだ結果、地球以外の惑星にUFOを作成できるような知的な生命体が存在する可能性は否定されており、現在では**レチクル座ゼータ星**やプレアデス星団など、太陽系外の宇宙（外宇宙）から飛来するとする説が主流となっている。

これに対して天文学者の多くは、地球のレベルを凌ぐほどのテクノロジーを持つ生命が宇宙のどこかに存在するとしても、地球からはあまりにも遠くなり、世界中で毎日のように目撃されるほど頻繁に地球を訪れることはできないとして、宇宙船説には否定的である。

宇宙船説否定派の根拠＝ドレイクの方程式

ドレイクの方程式とは

アメリカの天文学者フランク・ドレイクが、銀河系内に文明がどれだけ存在するかを求めるために考案した方程式

$$N = R_* \times f_p \times n_e \times f_l \times f_i \times f_c \times L$$

- N 銀河系にある文明の数
- R_* 銀河系で恒星がつくられる速さ
- f_p その恒星が惑星系を持つ確率
- n_e そのなかで生命が生存可能な環境を持つ惑星の数
- f_l 生命が存在する確率
- f_i その生命が知的生命体に進化する確率
- f_c その生命体が他の星に対して通信を行えるかどうか
- L その高等文明の継続期間

カール・セーガンの計算結果

文明の数は数えるほどしかなく、少なくとも世界各地で報告されるUFO目撃報告に相当する頻度で、その文明が地球を訪れることはできない

❖ 宇宙考古学とは？

　宇宙船説を前提とすると、宇宙空間を自在に往来できる高度な文明を発達させた種族は、人類よりもずっと古い歴史を持つことが想定される。そうした種族が、文明の栄えていない時代の地球を訪れていても不思議はない。こうした仮説にもとづき、古代地球を訪れた異星人の痕跡を求めるのが、「宇宙考古学」である。ただし、衛星を用いて地上の遺跡を探るという意味での宇宙考古学とは異なる。宇宙考古学という言葉は、日本のUFO研究団体である宇宙友好協会（CBA）による命名で、海外では古代宇宙飛行士仮説（The Ancient Astronaut Theory）とか、宇宙神理論と呼ばれる。主張の証拠として取り上げるものは、当時の人類の文明レベルや想像力からは到底考えられない、神話や伝説に登場する超兵器や、古代の技術では建造が難しい古代遺跡、オーパーツと呼ばれる物体などである。

関連項目
- チャールズ・フォート→No.071
- オーパーツ→No.070
- カール・セーガン→No.077

No.093
秘密兵器説
The Secret Weapon Theory

アーノルド事件の発生が第二次世界大戦直後であったこともあり、UFOはいずれかの国の秘密兵器ではないかという説が唱えられた。

●何者かの秘密兵器か?

　UFOがアメリカやその他の国家、あるいは特定の組織や秘密結社によって製造された秘密兵器であるとする説。

　アーノルド事件によりUFO現象が一般に認知されたのは、第二次世界大戦後に東西両陣営の冷戦がはじまった時期に一致する。アメリカはUFOがソ連の秘密兵器である可能性を危惧していた。1948年1月にアメリカ軍が公式UFO研究機関であるプロジェクト・サインを発足させた背景にも、UFOが共産圏の秘密兵器ではないかという恐れがあった。

　一方、UFOは当時の西側諸国だけでなく共産圏でも同様に目撃されており、しかもアーノルド事件以来60年もその秘密が暴露されないという状況は、特に報道の自由が保証されている西側諸国ではかなり考えにくいことである。

　そこで一部では、ナチス・ドイツの残党やフリーメーソンといった特別な組織がUFOを製造しているとの説も唱えられている。ナチス・ドイツ残党の秘密兵器という説は、ヒトラー生存説とも結びついており、ホロコーストはなかったとする歴史修正主義者がおもに主張しているもので、1950年代には、ナチス・ドイツが円盤型の航空機を開発しようとしていたとの記事が西ドイツの新聞・雑誌に掲載されたこともある。現実に、ナチス・ドイツは円盤型の航空機を開発しようとしており、また第二次世界大戦末期に実用化していた全翼機Ho229は、ケネス・アーノルドの証言に基づいて作成されたUFOの図と非常によく似た形をしている。

　他にも、空飛ぶパンケーキと呼ばれたアメリカのヴォートV-173や、アブロ・カナダ社が開発を試みたアブロ・カーなど、円盤型をした航空機の例がいくつかある。

UFOと間違えやすい飛行機？

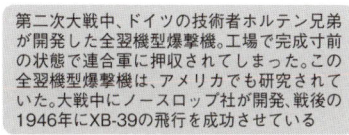

Ho229A-1

第二次大戦中、ドイツの技術者ホルテン兄弟が開発した全翼機型爆撃機。工場で完成寸前の状態で連合軍に押収されてしまった。この全翼機型爆撃機は、アメリカでも研究されていた。大戦中にノースロップ社が開発、戦後の1946年にXB-39の飛行を成功させている

VZ-1

別名フライング・プラットフォーム。アメリカ海軍の援助を受けて、ヒラー社が開発した試作機。足もとの二重反転プロペラで浮上する仕組み。1955年、初飛行に成功するも海軍の受注は得られず、大型化したものを1956年に陸軍が正式発注した

XF5U-1

別名フライング・パンケーキ。まさしく空飛ぶ円盤のごとき円盤型飛行機で、STOL性の高さを期待されてアメリカ海軍が、チャンス・ヴォート社に開発を依頼。NASAの前身であるNACAが開発していたV-173を原型に実験が繰り返されたが完成には至らなかった

VZ-9

VZ-9アブロ・カーは、カナダの航空機会社A・V・ロー（アブロ）社が、米国国防省の依頼を受けて製作。3基のジェットエンジンで中央のファンを回し、浮力を得るという仕組み。1200万ドルを投じたプロジェクトだったが、制御が難しく、1959年に開発中止となった

※**本項4点のイラストは、小社刊『奇想天外兵器』および『奇想天外兵器3』より転載したものです**

関連項目

●アーノルド事件→No.001

第4章●UFOの正体

No.094
地底起源説
The Hollow Earth Theory

地底起源説は、地球は空洞であり内部には地上とは異なる文明が栄えていると主張する。UFOはその文明が作り出した航空機であるとするもの。

●謎の地下世界

　地底起源説とは、UFOが「地底に拠点を持つ未知の文明によって作り出された飛行装置である」とするもので、地球空洞説を前提とした仮説。

　地球空洞説とは、ハレー彗星に名を残すイギリスの天文学者、エドモンド・ハリーが1692年に唱えたものが最初とされ、その後ジョン・クリーブス・シムズ（元米陸軍大尉）、ウィリアム・リード、マーシャル・ガードナーなどが発展させた。

　彼らが共通して唱えるのは、地球の内部は空洞で、南北両極に内部世界に通じる大きな穴があるという。

　この地球空洞説とUFOとを結びつけたのが**レイモンド・パーマー**や『空洞地球―史上最大の地理学的発見』の著者であるレイモンド・バーナードなどで、UFOは地球内部にある別の文明の産物であり、南北両極にある穴から地上に飛来していると唱える。イギリスのブリンズリー・ル・ポア・トレンチも、『地球内部からの空飛ぶ円盤』の中で、地底起源説を展開したことがある。

　しかし、地球空洞説そのものは、その後の地震派による観測や、人工衛星による観測の結果否定されており、人工衛星からの観測でも、論者が指摘するような両極の入り口は確認されていない。

　地球空洞説の一種のバリエーションとして、アガルタや**シェイヴァー・ミステリー**などがある。1950年代にアガルタとUFOを結びつけたのは、ブラジルの神秘主義者エンリーケ・デ・ソウザで、彼によればUFOは古代アトランティス人の乗り物であり、アトランティスが沈没した後、アトランティス人は地下の空洞にあるアガルタに逃げ延び、そこを起点にUFOで地上を訪れているとする。

地球空洞説の地球内部構造

・実際の地球内部の構造

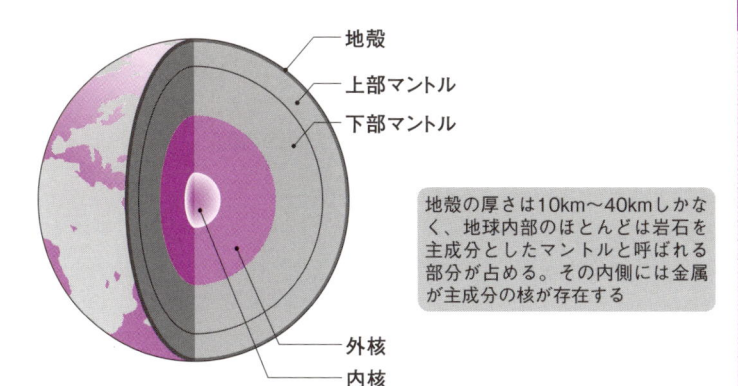

- 地殻
- 上部マントル
- 下部マントル
- 外核
- 内核

地殻の厚さは10km～40kmしかなく、地球内部のほとんどは岩石を主成分としたマントルと呼ばれる部分が占める。その内側には金属が主成分の核が存在する

・地球空洞説の場合

- 北極口（口径2240km）
- 重力の中心
- 地表（厚さ1300km）
- 中心太陽（直径960km）
- 南極口（口径2240km）

マーシャル・ガードナーが示した空洞の地球。これを受けて、レイモンド・バーナードはUFOは地球の両極から飛来していると唱えた

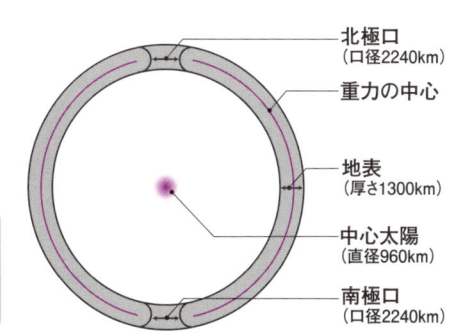

❖ アガルタとは？

中央アジアの地下に存在するという王国。首都シャンバラには、幾人もの副王と幾千人もの高僧を従えた世界の王ブライトマが住み、地表の人類とは比較にならない高度な科学技術を持つ。地上の世界とはいくつもの地下通路で連結され、チベットのポタラ宮の地下にも入り口があると伝えられる。

関連項目

● シェイヴァー・ミステリー→No.062

No.095
海底起源説
The Underwater Civilization Theory

UFOの起源を海底に求める説。ある説は、海底に文明が栄えている可能性や、異星人が海底に基地を作っている可能性を指摘している。

●深海底のUFO基地

　UFOを何者かが製造した機械装置と考える説は、その発進地をどこに求めるかによっていくつかに分類できる。

　UFO海底起源説は、「UFOを製造しているのは海中で発展した高度な文明である」、あるいは「本来は他の天体から来た異星人たちが海底に前進基地を建設し、その基地を基盤に活動している」とする説である。

　現実に、地表の4分の3以上は水に覆われた海洋であり、また大洋の底は人類の目がほとんど行き届いていないので、秘密基地を建設するには絶好の場所である。

　さらに水中から現れたり、水中に潜るUFOが目撃された例もあり、宇宙空間を飛行できる装置であれば、海中も移動可能と思われる。海中や大河の底を移動すれば、人類に気づかれることなく目的地に接近することが可能となり、UFOの突然の出現もうまく説明できる。

　一方アメリカの動物学者で超自然現象の研究家でもあったアイヴァン・サンダーソンなどは、海中に地上の文明とまったく隔絶した高度文明、つまり、海底文明が存在する可能性を論じた。さらにサンダーソンは、生命の出現は水中の方が早かったこと、道具の製作や金属の加工などは海中でも可能ということを根拠として主張している。

　かつて高度な文明を誇りながら海中に没したとされるムーやアトランティスの生き残りが作ったものとされることもあるが、両大陸の実在は証明されていない。

　なお、水中の未確認物体は、未確認水中物体（unidentified submarine objects）と呼ばれている。

USO：未確認潜水物体の目撃例

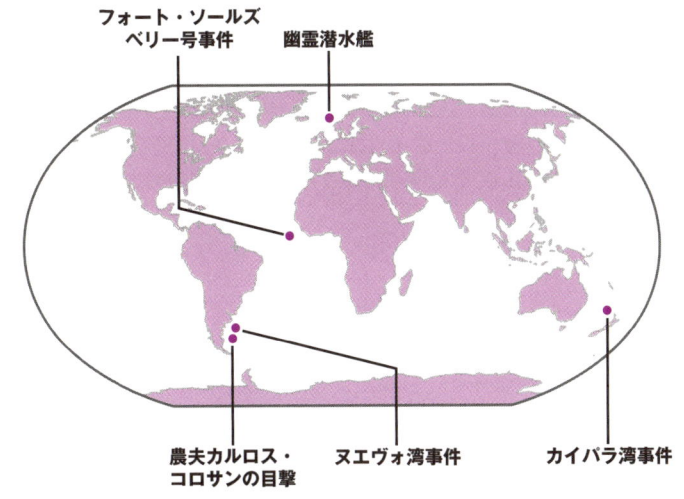

地図上の目撃地点：
- フォート・ソールズベリー号事件
- 幽霊潜水艦
- 農夫カルロス・コロサンの目撃
- ヌエヴォ湾事件
- カイパラ湾事件

USO事件	解説
フォート・ソールズベリー号事件	1902年10月、アフリカ西岸のギニア湾を航行中だったイギリスの貨物船フォート・ソールズベリー号が、半分水中に没した巨大な飛行船のような物体を目撃。物体はその後水中に沈んだ
幽霊潜水艦	1920年代、主としてスカンジナビア半島周辺で謎の潜水艦の活動が報告され、第一次世界大戦中に逃亡したドイツの潜水艦ではないかと噂された
ヌエヴォ湾事件	1960年2月、アルゼンチンのヌエヴォ湾で2隻の謎の潜水艦が発見され、アルゼンチン海軍は2週間にわたり追跡したが正体はつかめなかった
カイパラ湾事件	ニュージーランドのカイパラ湾では、長さ30mほどの流線型の物体が、浅瀬に乗り上げたような状態で、飛行機から目撃された
農夫カルロス・コロサンの目撃	1966年3月、アルゼンチンのデセアド北にあるひと気のない浜で、農夫カルロス・コロサンが巨大な葉巻型の飛行物体を目撃。物体は海中に飛び込んだまま浮き上がってこなかった

関連項目
- 宇宙船説→No.092
- 地底起源説→No.094

No.096
タイムマシン説
The Time Travel Theory

UFOは未来人が製作したタイムマシンであるとする説。時間旅行が可能かどうかについては議論があるが、否定的な見解の方が優勢。

●未来からの訪問者

　UFOを何らかの機械装置と想定する説の中でもユニークなものが、UFOは未来の世界からきたタイムマシンであり、その搭乗員は実は未来人であるとする説である。

　UFOがタイムマシンであるとする説は、当然ながら時間旅行そのものが可能でなければ成り立たない考えである。UFO研究界においては、フランスのロベール・クレルアンが一時唱えたことがあり、現代ではドイツのイロブラント・フォン・ルトビガーもこの説を支持している。

　このタイムマシン説については、UFOの行動や搭乗員の外見上の特徴をうまく説明できるという利点が主張されたこともある。

　この説によれば、**UFO搭乗員**が人類との接触を避けるのは、不用意に現代に干渉することで歴史の流れを変えることを恐れているからということになり、また、髪の毛がなく頭が大きい、背が低いなど、UFO搭乗員にしばしば見られる特徴も、ネオテニー（幼形成熟）という特殊な進化を遂げた結果ということになる。

　時間旅行については、イギリスの小説家H・G・ウェルズが『タイムマシン』（1896）を著して以来、SF小説では一般的なテーマとなっているが、現実に時間旅行が可能かどうかは、物理学上証明されておらず、否定的な意見の方が優勢のようである。

　また、1961年の**ヒル夫妻事件**以来、UFO搭乗員が地球人を誘拐したり、何らかの物体を体内に埋め込んだりなどする、いわゆる**アブダクション**事件や**インプラント**事件が多発するようになっているが、これはUFO搭乗員が人類との接触をできるだけ避けようとしているというタイムマシン説の前提に反する現象でもある。

タイムマシン説の主張

- タイムパラドックスを避けて人前にあまり姿を現さない
- 搭乗員の頭が大きく体は小さいのはネオテニーだからだ

→ **UFO＝タイムマシン　搭乗員＝未来人**

もしかすると人類の文明の発達の背後にはUFOの影響があったのかもしれない

タイムマシン説の証拠？

・タイムトラベルを主張する人々

名称	解説
ウイングメーカー	当初のウイングメーカーは、未来から8世紀にタイムトラベルし、光ディスクなどの加工物をニューメキシコ州のチャコキャニオンに残したという存在。その後、宇宙の創造主が人類の啓発のために送った存在といわれるようになった
サン・ジェルマン伯爵	2000歳だと主張していた、フランス革命期のパリで暗躍した人物。1784年に死亡したが、死後何度かその姿が目撃されているため、一部では時間旅行者ではないかといわれている
イギリス人女性	1901年8月10日、ベルサイユ宮殿を訪れていたイギリス人女性2人が、1770年代にタイムスリップした
ジョン・タイター	自称2036から2000年にタイムトラベルしてきたと主張。2036年に至る様々な予言を残し、2001年3月に消息をたった

関連項目

●宇宙船説→No.092

No.097

誤認説
Conventional Explanations

UFOは、自然現象や既知の飛行物体を誤認したものだとする説で、UFOの正体を説明するための仮説というよりUFO否定説といえる。

●UFO否定説

　世界各地で目撃されるUFOは、既知の飛行物体や自然現象などを誤認したものであり、十分な情報が得られればすべて説明可能だとする説。いわばUFO否定説である。確かに、鳥や飛行機など、普段見慣れたはずのものであっても、特殊な条件下では未知の不思議な物体のように見えることがある。それが、あまり経験したことない特殊な自然現象であったり、これまで見たこともないような人工物だったりすればなおさらだ。

　たとえばレンズ雲のような特殊な形をした雲や、気温逆転層による地上の光源の反射など、経験のない人は容易にUFOと誤認する可能性がある。さらに、人工衛星や飛行機の翼端灯、惑星などもUFOと誤認されることがよくある。たとえパイロットや警官など特別な訓練を受けた人物であっても、こうした誤認から無縁ではない。

　アメリカ空軍のUFO研究機関である**プロジェクト・ブルーブック**が行った調査では、UFO目撃報告のうち94％はその正体が判明したり、故意の捏造であった。しかし裏を返せば、6％程度は説明不能な、まさに未確認の飛行物体が残るということにもなる。

●自然現象説

　一方、UFO現象を一種の自然現象と認めつつも、その中に何らかの未解明要素が存在するという考え方がある。つまり、UFOの正体は、科学的に十分解明されていない種類の自然現象であるとする説である。

　こうした説の中でUFOの説明として最も頻繁に主張されるのがプラズマ説で、**フィリップ・クラス**がかつて唱えたことがある。プラズマの代表的なものは球電であるが、その発生原因は十分解明されていない。

UFOと誤認しやすいもの

1. 惑 星：火星や金星など、気象条件により明るく見えることがある
2. 気 球：気球もUFOと誤認されやすい（No.005「マンテル事件」参照）
3. 火 球：燃えながら飛行する流星。特に夜間はUFOと誤認されやすい
4. 幻 日：空中に浮遊する水晶に光が反射して輝いてみえる現象
5. 雲　　：レンズ雲など特殊な形をした雲は、誤認しやすい

自然現象説

誤認説の一種だが、UFOを完全に否定するわけではなく、その正体を未解明の自然現象であるとする説

・代表的な未解明の自然現象例

自然現象名	解説
球電（プラズマ）	球形の電光で、その発生原因は未解明の部分が少なくない。通常は直径30センチほどの大きさだが、時には数百メートルにもなるといわれる。空中に浮かんで高速で移動し、急停止、急進発、突然の方向転換、ジグザグ飛行など、UFOの飛行パターンと同様の行動も見られる
ラボック光	1951年8月にテキサス州ラボック周辺で目撃された光体群。夜間、V字の編隊を組んだ青緑色の光体群が飛行するのが何度も目撃された。プロジェクト・ブルーブック長官であったエドワード・ルッペルトは、自然現象と結論したが、どのようなメカニズムで発生したかは説明していない
アースライト	地震の前などに見られる謎の発光現象。地中の断層で岩石がぶつかりあったり砕けたりすると、何らかの原因で空中に怪光が見られることがある。1995年1月17日に発生した阪神淡路大震災の直前にも、異常な発光現象の目撃報告が何件かあった
氷彗星	2007年6月、中国の趙成文（チェンウェン）教授は、宇宙空間に存在する氷の彗星こそUFOの正体であると発表した

関連項目

●フィリップ・クラス→No.076　　　　●プロジェクト・ブルーブック→No.085

No.098

陰謀説
The Conspiracy Theory

UFOそのものが、何らかの情報操作によるものとする説。あるいは、UFO現象に関連して政府機関等の陰謀が進行しているとする説。

●陰謀を企む者は誰？

陰謀説という言葉は、ある程度広い範囲の諸説を含む言葉である。

UFO事件に関係して、軍や政府などの機関が何らかの目的でその真実を隠蔽しているという考えを陰謀説と呼ぶ。また、UFO事件そのものが、何者かの情報操作の産物であるという説も陰謀説と呼ばれる。

陰謀を企て、実行している主体としてはアメリカ政府や軍、CIAなどの情報機関とされることが多い。

UFO事件に関係して、アメリカ政府などが真実を隠蔽していると主張する者たちは、**ロズウェル事件**で墜落したUFOやその搭乗員をアメリカ軍が密かに回収しているとか、搭乗員の死体やUFOの残骸がライトパターソン空軍基地やエドワーズ空軍基地に保管されている、あるいはエリア51などの秘密基地で地球製UFOが開発されているなどと述べている。

さらには、アメリカ政府が**グレイ**などの搭乗員と密約を結び、技術供与と引き替えに彼らが**キャトル・ミューティレーション**や**アブダクション**を行うのを黙認しているなどと主張する。

CIAがUFO関係の情報を文書として保管していたのは、アメリカの民間UFO研究団体であるGSWが情報の自由化法に基づいてCIAのUFO情報公開を求めた裁判でも明らかとなっている。

一方、政府機関がUFO情報を故意に広めているとする者たちは、その理由として、国内政局や経済問題などから国民の目をそらすということを指摘するが、世界中で発生する無数のUFO事件すべてをでっち上げることは人間界のあらゆる組織の能力を超える話である。そこで陰謀説の中には、人類という範疇さえ越えた何らかの巨大な組織による陰謀を唱えるものもいるが、このような説は本書では超地球人説（P161参照）に分類した。

陰謀説の分類

陰謀説は、陰謀を企てた組織がUFO事件をどのように情報操作するかで、2つのタイプに分けることができる

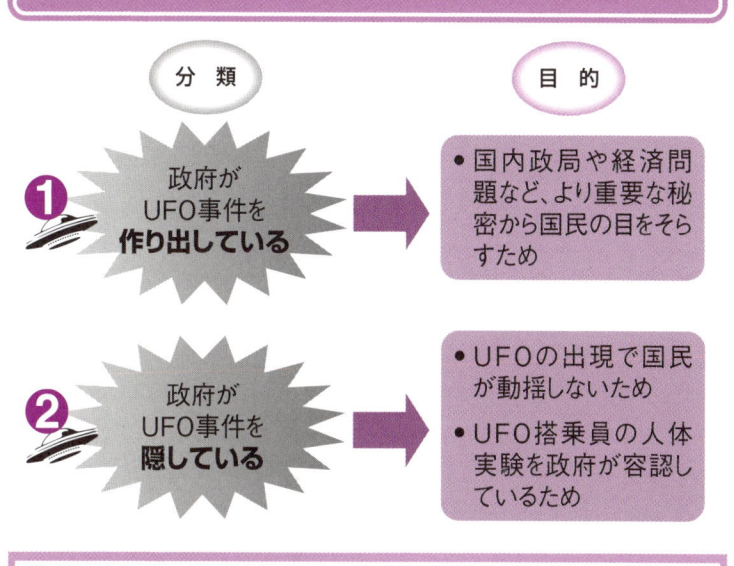

分類

① 政府がUFO事件を**作り出している**

② 政府がUFO事件を**隠している**

目的

- 国内政局や経済問題など、より重要な秘密から国民の目をそらすため

- UFOの出現で国民が動揺しないため
- UFO搭乗員の人体実験を政府が容認しているため

❖ 黒塗りのCIA文書

UFO研究家のなかには、政府がUFO関係の資料を隠匿しているのではないかと考える者もかなりいる。1975年には、アメリカで施行された情報の自由化法にもとづいて、UFO研究団体地上円盤監視機構（GSW）がCIAに対し、UFO関連資料の公開を求めて裁判を起こした。結果、CIAが敗訴し、一部黒塗りではあるが、CIAが保管していたUFO関連の機密文書が1978年に公開された。

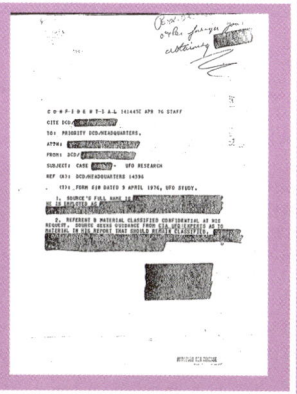

関連項目
- ロズウェル事件3→No.004
- アブダクション→No.054
- エリア51事件→No.029
- キャトル・ミューティレーション→No.055

No.099
生物説
The Space Animal Theory

UFOが実は生物であるとする一見ユニークな説。ケネス・アーノルド自身もUFOの行動を生物にたとえたことがある。

●UFOは宇宙生物？

　UFO生物説とは、UFOが「特殊な生命体系を持つ生物である」とする説である。この説はロサンゼルスのUFO研究家トレヴァー・ジェイムズが1958年に唱え、アメリカの超常現象研究家であるアイヴァン・サンダーソンやヴィンセント・ガッディスなども支持したことがある。

　一見、荒唐無稽のようだが、アメリカ空軍の公式UFO研究機関であるプロジェクト・サインが1949年4月に発表した記者発表でも、UFOの行動パターンが生物の行動に似ていることが指摘されている他、ケネス・アーノルドも、我々が海中で見る生物のようにUFOは宇宙や大気圏に住む生物ではないかと述べたことがある。

　トレヴァー・ジェイムズはジェイムズ・ウッドと協力して、カリフォルニア州のモハーベ砂漠で、赤外線フィルムと赤色フィルターを用いて空を撮影したところ、その何枚かにUFOが写っていることを確認した。

　撮影時には何も見えなかったことから、ジェイムズは普段目に見えない透明生物の存在を思いつき、これをクリッターと命名した。

　ジェイムズによればクリッターは、固体でも気体でも液体でもない、いわばプラズマ状態にあると考えられ、通常は目に見えない状態であまり知能は高くない。

　身体がエネルギーそのものであるため、時に光を発し、定まった形を持たないため静止状態では球型に見えるが、大気圏内を飛行するとその速度に応じて紡錘型や葉巻型に変形する。

　UFOが発電所やテレビの送信所などエネルギーの集中するところによく現れるのも、この説によれば食料としてのエネルギーを求めてくるのだということになる。

生物説の分類

UFOは生物であるとする生物説だが、その生物がどこから来たと考えるかを分類してみた

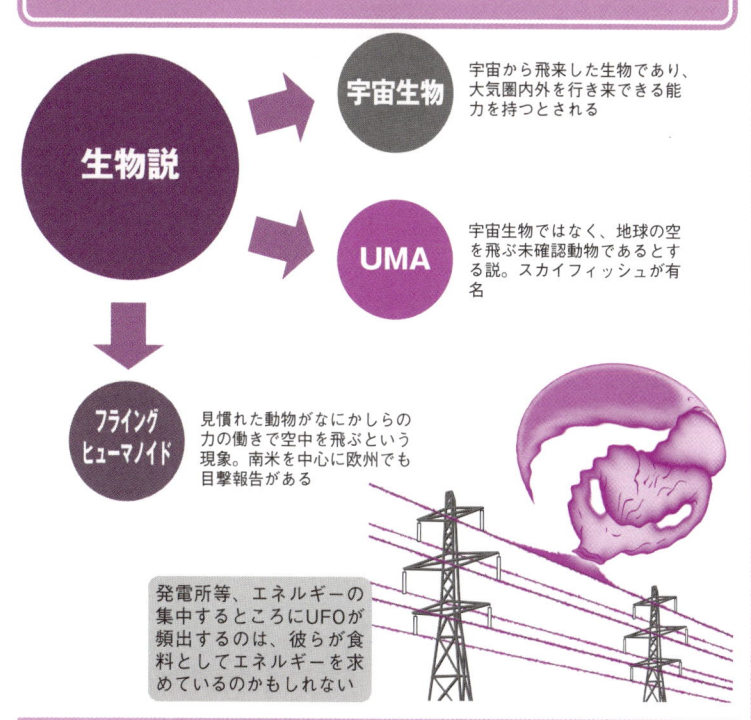

生物説 → **宇宙生物**: 宇宙から飛来した生物であり、大気圏内外を行き来できる能力を持つとされる

→ **UMA**: 宇宙生物ではなく、地球の空を飛ぶ未確認動物であるとする説。スカイフィッシュが有名

→ **フライングヒューマノイド**: 見慣れた動物がなにかしらの力の働きで空中を飛ぶという現象。南米を中心に欧州でも目撃報告がある

発電所等、エネルギーの集中するところにUFOが頻出するのは、彼らが食料としてエネルギーを求めているのかもしれない

❖ アウルマン（UMA）

　1976年、イギリスのコーンウォール地方で目撃された、巨大なフクロウのような生物。最初の目撃は1976年4月17日のことで、ジューン・メリングとヴィッキー・メリングの姉妹が教会上空に浮いている奇妙な生物を目撃した。怪物は尖った耳と大きな翼を持ち、全体としてフクロウに似ていたが、人間くらいの大きさで、目は赤く輝いていたという。同じような怪物は、同じ年の7月3日と7月4日にも目撃され、その姿からアウルマンと名づけられた。

関連項目

●飛行パターン→No.036　　　　　●チュパカブラス→No.068

No.100
心霊現象説
The Spiritual Theory

UFOと心霊現象、超心理現象を結びつける説。その多くは、UFO現象を他の未解明現象とすりかえるだけで、説明にはなっていない。

●UFOと霊魂の関係

　UFO現象を、「心霊現象の一種」として捉えたり、「神や悪魔、天使、その他霊的存在に関係するものである」という主張を、とりあえず心霊現象説とする。宇宙考古学や一部**コンタクティー**の主張の中にも、古代の人々は**UFO搭乗員**を神と考えたという主張があり、これも宗教とUFOを結びつけるものといえるが、彼らのいうUFO搭乗員はあくまでも肉体を持った生命体にとどまっている。

　しかし、チャネリングにおいて地球のチャネラーたちにテレパシーでメッセージを送ってくる宇宙存在になると、肉体を持つ生命体かどうかは不明であり、このような方法で得られたメッセージには、地球規模の大変動や高次元の存在への昇華など、いわゆるニューエイジ宗教的なものが多くなる。さらに、いわゆるコンタクティーの中には、地球人の魂が死後他の天体の生命体に生まれ変わったり、逆にそうした存在の魂が地球人の肉体に入り込むと主張する者もいる。このように、他の天体の生命体の魂を持つ人々のことを、スター・ピープルとかワンダラー、ウォークインなどと呼ぶが、これ自体心霊主義とUFO**宇宙船説**との結合といえよう。

　UFOが悪魔の仕業であるとする説は、UFO現象そのものを、人類を正しい信仰の道からそらそうとする悪魔の謀略の一環であるとする。この説は、主として根本主義的なキリスト教関係者が唱えるものであるが、イギリスのUFO研究誌編集長ゴードン・クレイトンなども支持している。

　また、アメリカのボーダーランド科学研究協会を主催するメード・レイヌは、UFOは四次元霊界から来るもので、エーテル人とも呼ぶべき存在の乗り物とするが、**ジョン・キール**はこのエーテル人こそ、彼の言う超地球人（P161参照）であるとする。

心霊現象説の分類

神・天使・幽霊

神様や悪魔、天使などの存在をUFOやその搭乗員と結びつける考え。物理的なコンタクトの有無で右の「宇宙存在」と区別される

宇宙存在

テレパシーなど非物理的な接触方法で人類に啓示を与える存在や、魂や精神のみを人間の肉体に移すことができる存在。下表参照

悪魔の謀略

UFOを出現させているのは、信仰を妨害する悪魔による仕業だとする。ジョン・キールは悪魔ではなく、人間を超越した「超地球人」なる存在と唱えた

・宇宙存在の主なタイプ

名称	解説
スター・ピープル	前世で宇宙存在であり、地球の変容を準備するため地球に転生してきた者のこと。カリスマ性があり、珍しい血液型をしている、体温が低いなどの特徴がある
ワンダラー	前世が異星人であり、地球に転生してきた者。異星人の魂を持つ者ともいわれる
ウォークイン	本来は誕生後に他人の肉体に入り込んだ魂のこと。UFOとの関連では異星人の魂がウォークインした場合に用いられる

関連項目

●宇宙船説→No.092

No.101
心理投影説
The Psychic Projection Theory

有名な心理学者カール・グスタフ・ユングが最初に唱えた説。ユングは、自分の心理学理論とUFOとを関連づけようとした。

●ユングのUFO観

　心理投影説は、本来はスイスの心理学者、カール・グスタフ・ユングが唱えたものであるが、その後イギリスのジェローム・クラークやローレン・コールマンにより独自の発展をみている。

　ユング心理学によれば、人間は誰でも集合的無意識層に人類共通の元型と呼ぶイメージを持っている。ユングは、UFO現象やその搭乗員の形状に、多くの民族に共通する元型に通じる要素を見出し、元型が外部に投影されるという説を唱えた。ユングによれば古い宗教が否定されるなか、新しいタイプの神的パワーを求める集合的無意識がUFOという形に投影されて出現するということになる。

　いわば、UFOという存在が投影される背景には、既存の価値観の崩壊の中で、それに代わり得る新しい規範を見出せないという心理的危機が推定されている。

　クラークやコールマンも、基本的にはこの見解を踏まえつつ、UFO現象の背後には、科学の進歩により人間と自然の断絶が生じつつあることへの危機感を想定している。

　科学の進歩により、古来の神話や伝説、妖精の目撃や宗教体験などは非科学的と抑圧される傾向にあるが、人間の無意識の世界では、元型として存在し続ける。そうした抑圧された存在が時折、表面に現れ、UFOや他の様々な不思議な現象として経験されるということになる。

　イギリスのヒラリー・エヴァンズはこの発想を発展させ、夢から日常の現実までを一連の切れ間のないスペクトルとして想定し、その中間領域にUFOなどの超常現象体験を位置づけようと試みている。

ユングのUFO観

No.101
第4章 ●UFOの正体

> ユングは、科学の発達によって古来の宗教的体験が否定されたため、それに代わるものとしてUFOが生み出されたと考えた

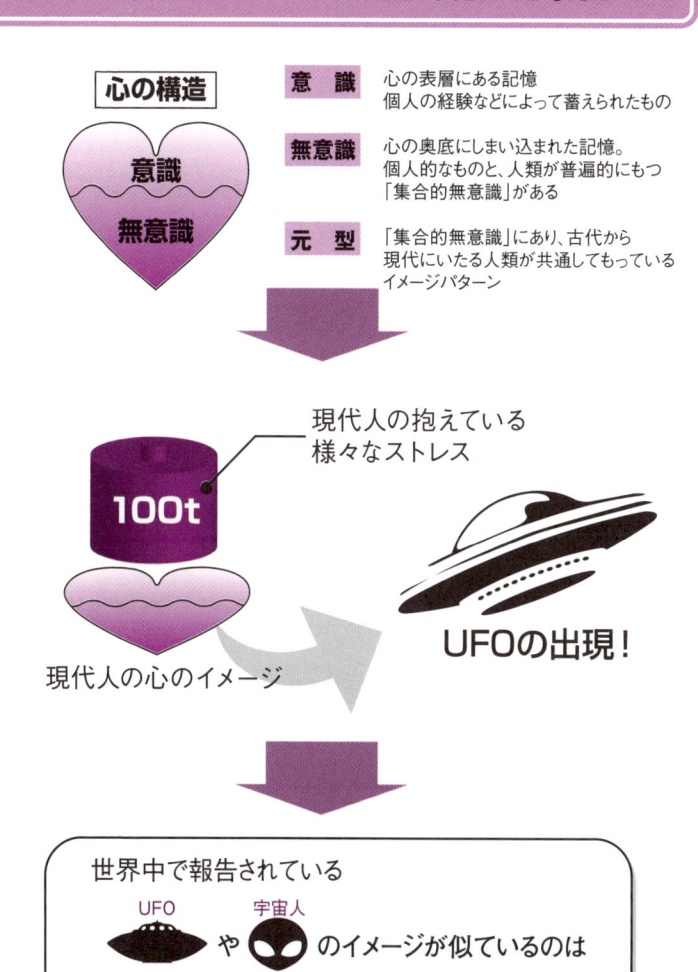

心の構造

意識 / 無意識

意 識	心の表層にある記憶 個人の経験などによって蓄えられたもの
無意識	心の奥底にしまい込まれた記憶。 個人的なものと、人類が普遍的にもつ 「集合的無意識」がある
元 型	「集合的無意識」にあり、古代から 現代にいたる人類が共通してもっている イメージパターン

↓

現代人の抱えている様々なストレス

100t

現代人の心のイメージ

UFOの出現！

↓

世界中で報告されている
UFO や 宇宙人 のイメージが似ているのは
集合的無意識の**元型**が生み出した想像物だから

索引

欧字

APRO	178,186
CIA	18,126,182,208
CSICOP	162,164
GEIPAN	188
MIB	42,126
MJ12（事件）	10,60,162,163,176
MUFON	64
NASA	40,88,140,142,172
NICAP	78,80,186
SETI	164

あ

アーノルド, ケネス …………… 8,80,152,156,158,192,198,210
アーノルド事件 …………… 8,10,80,84,124 …………… 156,158,170,190,196,198,210
アズテック事件 …………… 18
アダムスキー型 …………… 20,78,94
アダムスキー事件 …………… 20
アダムスキー, ジョージ …………… 20,92,94,100,104,106,108,156,196
アトランティス …………… 98,132,200,202
アブダクション …………… 26,34,46,54,68 …………… 90,110,116,118,170,208
アポロ計画 …………… 140,164
アメイジング・ストーリーズ …………… 132,170,192
荒井欣一 …………… 190
アンジェルッツィ, オーフィオ …………… 92,96
EM効果 …………… 122
異星人 …………… 14,20,26,34,48,50,64,92 …………… 102,106,108,114,120,130,148,196,202
異星人解剖フィルム …………… 10,114
インプラント …………… 62,118,204
陰謀説 …………… 14,60,120,156,158,186,208
ヴァレー, ジャック …………… 138,160,172
ヴィリャス＝ボアス事件 …………… 26,116,122,150
ウェイヴ …………… 22,82,84,124,154,182
ウォルトン事件 …………… 54,110,186
嘘発見器 …………… 46
宇宙考古学 …………… 98,148,166,212
宇宙人 …………… 108,148
宇宙船説 …………… 108,154,156,158196,212
うつろ舟の蛮女 …………… 112
ウンモ星人 …………… 36,66
エイコン …………… 106
エゼキエル宇宙船 …………… 88
エドワーズ, フランク …………… 5,94,156,196
エリア51 …………… 64,78,128,130,208
エロヒム …………… 48
オーソテニー理論 …………… 174
オーパーツ …………… 148,166
オーラ・レインズ …………… 100
オーロラ事件 …………… 83

か

- 海底起源説 … 202
- 火星 … 136,138,142,164
- ガルフブリーズ事件 … 62
- キーホー, ドナルド … 124,152,156,158,176,186,192,196,198,210
- キール, ジョン … 42,126,152,160,170,172,192,212
- 気温逆転層 … 22,176,194,206
- キャトル・ミューティレーション … 110,120,144,208
- 金星人オーソン … 20,94
- 空中現象調査機関 … 178,186
- クラス, フィリップ … 154,162
- クレアラー, エリザベス … 92,106
- グレイ … 92,108,110,208
- ケックスバーグ事件 … 40
- 介良事件 … 44
- ケリー・ホプキンスヴィル事件 … 28
- 甲府事件 … 52
- ゴースト・ロケット … 86
- 国際UFO記念日 … 8
- 誤認説 … 176,206
- コロラド大学UFOプロジェクト … 180,184,186
- コンタクティー … 20,48,50,92〜108,196,212
- コンドン委員会 … 184
- コンドン・レポート … 154,168,180,184,186

さ

- ザモラ巡査 … 38
- サン・アグスティン … 12
- サンダーソン, アイヴァン … 160,202,210
- サンティリ・フィルム … 114
- シェイヴァー・ミステリー … 132,170,200
- シェイヴァー, リチャード … 132,170
- ジャイアントロック … 104
- ジル神父事件 … 32
- 人工衛星 … 40,140,200,206
- 人面石 … 137,142
- 心理投影説 … 96,214
- 心霊現象説 … 194,212
- スカイフック … 16
- スカリー, フランク … 18,130
- セーガン, カール … 164
- 聖書 … 48,88
- 生物説 … 194,210
- 聖母マリア … 74
- 接近遭遇 … 90,108,112,168
- セムジャーゼ … 50
- 全米空中現象調査委員会 … 156,158,186
- 相互UFOネットワーク … 64
- ソコロ事件 … 38
- 空飛ぶ円盤 … 8,10,78,80,170,190,192,198

た

退行催眠 ………………………………34,68
第18番格納庫 …………………………10,130
タイムマシン説 …………………………204
滝沢馬琴 …………………………………112
タッセル, ジョージ・ヴァン ………92,104
地球外知的生命体 ………………………164
地球空洞説 ………………………………200
地底起源説 ………………………………200
チュパカブラス …………………121,144
超常現象 ………146,152,156,160,210,214
超常現象を科学的に調査する委員会
………………………………………162,164
超地球人説 … 42,160,168,172,174,194,208
ツングースカ爆発 ………………………72
デニケン, エーリッヒ・フォン ………166
テヘラン追跡事件 ………………56,122
テレパシー ……………90,92,104,106,128
トリック …………………30,48,50,62,94
トリンダデ島事件 ………………………30

な

日本空飛ぶ円盤研究会 …………………190
ネオテニー ………………………………204

は

パーマー, レイモンド …… 132,170,192,200
ハイネック, J・アレン
……………90,108,154,168,172,176,182,188
パスカグーラ事件 ………………………46
バミューダ・トライアングル ……146,153
飛行パターン ……………………………80
秘密兵器説 ………………………………198
ヒルズデイル事件 ………………168,185
ヒル夫妻事件
……… 26,34,108,110,116,128,150,192,204
ファーティマ事件 ………………74,89
フー・ファイター ………………84,124
フォート, チャールズ
…………146,147,152,160,178,179,196,216
フライ, ダニエル …………20,92,98,196
フライング・ヒューマノイド …………78
プラズマ ………………………84,120,134,210
フラットウッズ事件 ………………24,28
フランス国立宇宙センター ……………188
プレアデス星団 ……………………50,196
プロジェクト・グラッジ …………168,180
プロジェクト・サイン
………………………16,130,168,180,198,210
プロジェクト・ブルーブック
………154,164,168,180,182,184,194,206
ベスラム, トルーマン ……………20,92,100
ポエル, クロード ……………………175,188
ホプキンズ, バド ………………………68,116
ボリロン, クロード ………………48,92
ボルト・ナット派 ………………………194
ボロネジ事件 ……………………………66

ま

マイヤー事件 ……………………………50
マイヤー, ビリー ………………………50,92
マクドナルド, ジェイムズ ………154,176
マゴニア …………………………………138,172
マンテル事件 ……………………………16

未確認水中物体 ················ 202
ミシェル, エメ ················ 174
ミステリー・サークル ················ 134
メンジャー, ハワード ················ 20,92,102
メンゼル, ドナルド ················ 154,162,176
モーリー島事件 ················ 170
モスマン（事件）················ 42,160

や

UFO研究家
················ 12,68,94,108,152〜178,188,196
UFO搭乗員 ················ 10,20,26,32,50,58
················ 92,94,96,100,106,108
················ 110,116,118,120,128,144,204,212
UFOの形態 ················ 78,108
幽霊飛行船 ················ 82,120,124,125
幽霊ロケット ················ 78,86,124
ユング ················ 96,214

ら

ライトパターソン基地
················ 114,130,154,180,208
ラエリアン・ムーヴメント ················ 48
ラエル事件 ················ 48
ラピュタ ················ 5,138,173
リンダ・ナポリターノ事件 ················ 68
ルッペルト, エドワード・J ················ 180
レーダー・目視事件 ················ 22
レチクル座ゼータ星 ················ 110,128,196
レムリア ················ 98,132
レンドルシャムの森事件 ················ 58

ロズウェル（事件）
················ 10〜18,40,60,114,208
ロバートソン査問委員会 ················ 180,182
ロレンゼン夫妻 ················ 124,178,186

わ

ワシントン上空UFO事件 ················ 22

参考文献・資料一覧

中村省三『赤い国のエイリアン』グリーンアロー出版
ジョン・E・マック『アブダクション』ココロ
和田登『いつもUFOのことを考えていた』ぶんげい
バッド・ホプキンズ『イントゥルーダー』集英社
斉藤守弘『失われた科学』大陸書房
飛鳥竜一他『宇宙人解剖フィルム最終報告』扶桑社
中村省三『宇宙人大図鑑』グリーンアロー出版社
皆神龍太郎『宇宙人とUFOとんでもない話』日本実業出版社
ジャン＝ピエール・プチ『宇宙人ユミットからの手紙』徳間書店
マルチーヌ・カステロ、イザベル・ブラン、フィリップ・シャンボン『宇宙人ユミットの謎』徳間書店
南山宏『宇宙のオーパーツ』二見書房
東浦義雄、船戸英夫、成田成寿『英語世界の俗信・迷信』大修館書店
マイク・アシュリー『SF雑誌の歴史』東京創元社
ティモシー・G・ベクリー『MJ-12と第18格納庫の秘密』二見書房
レニ・ノーバーゲン『オーパーツの謎』パシフィカ
レイモンド・E・ファウラー『外宇宙からの帰還』集英社
並木伸一郎『火星人面岩の謎』学研
ヴァルター・ハイン『火星人面岩はなぜできたか』文藝春秋
ジョナサン・スウィフト『ガリヴァ旅行記』新潮文庫
カール・セーガン『カール・セーガン科学と悪霊を語る』新潮社
南山宏『奇跡のオーパーツ』二見書房
米空軍編『実録ロズウェル事件』グリーンアロー出版社
『新共同訳聖書』日本聖書協会
皆神龍太郎、志水一夫、加門正一『新・トンデモ超常現象56の真相』太田出版
木村繁『人類月に立つ』朝日新聞社
山本弘他『人類の月面着陸はあったんだ論』楽工社
カーティス・ピーブルズ『人類はなぜUFOと遭遇するのか』ダイヤモンド社
藤木伸三『世紀の奇談』大陸書房
Milton D.Heifetz,Will Tirio『星座散歩ができる本南半球版』恒星社厚生閣
クロード・ボリロン『聖書と宇宙人』ユニバース出版
ピーター・ブルックスミス『政府ファイルUFO全事件』並木書房
弘原海清『前兆証言1519』東京出版
デビッド・マイケル・ジェイコブス『全米UFO論争史』ブイツーソリューション
C.アリンガム『続・空飛ぶ円盤同乗記』高文社
C.G.ユング『空飛ぶ円盤』朝日出版社
デズモンド・レスリー、ジョージ・アダムスキー『空飛ぶ円盤実見記』高文社
黒沼健『空飛ぶ円盤と宇宙人』高文社
ジョージ・アダムスキー『空飛ぶ円盤同乗記』高文社
フランク・エドワーズ『空飛ぶ円盤の真実』国書刊行会
ヨーン・ホバナ、ジュリアン・ウィーヴァーバーグ『ソ連・東欧のUFO』たま出版
ブリンズリー・ルポア・トレンチ『地球内部からの円盤』角川文庫
コリン・ウィルソン監修『超常現象の謎に挑む』教育社
ドン・ウィルソン『月の先住者』たま出版
ハワード＆コニー・メンジャー『天使的宇宙人とのコンタクト』徳間書店
山本弘、皆神竜太郎、志水一夫『トンデモUFO入門』洋泉社
と学会『トンデモ超常現象99の真相』羊泉社
ジョン・バクスター、トマス・アトキンス『謎のツングース隕石はブラック・ホールかUFOか』講談社
チャールズ・バーリッツ『謎のバミューダ海域』徳間書店
ゼカリヤ・シッチン『謎の惑星「ニビル」と火星超文明』学研ムー・ブックス
武田知弘『ナチスの発明』彩図社
稲生平太郎『何かが空を飛んでいる』新人物往来社

落合信彦『20世紀最後の真実』集英社
内野恒隆『にっぽん宇宙人白書』ユニバース出版社
ノーマン・クラットウェル『パプア島の円盤騒動』ユニバース出版
ジョエル・アカンバーグ『人はなぜ異星人を追い求めるのか』太田出版
鬼塚五一『ファチマ大予言』サンデー社
J.ミッチェル、R.リカード『フェノメナ』創林社
『平凡社版天文の事典』平凡社
遠藤周作『ボクは好奇心のかたまり』新潮社
エドワード・J.ルッペルト『未確認飛行物体に関する報告』開成出版
エドワード・U.コンドン監修『未確認飛行物体の科学的研究（コンドン報告）第1巻』本の風景社
エドワード・U.コンドン監修『未確認飛行物体の科学的研究（コンドン報告）第3巻』ブイツーソリューション
エーリッヒ・フォン・デニケン『未来の記憶』角川文庫
矢追純一『矢追純一のUFO大全』リヨン社
森脇十九男、竹本良『やはりE.T.はいた』大陸書房
コーラル・ロレンゼン、ジム・ロレンゼン『UFO』角川文庫
南山宏『UFO事典』徳間書店
フランク・エドワーズ『UFO旋風』大陸書房
荒井欣一監修『UFO遭遇事典』立風書房
ジョン・キール『UFO超地球人説』早川書房
エメ・ミシェル『UFOとその行動』暁印書館
J.アレン・ハイネック、ジャック・ヴァレー『UFOとは何か』角川文庫
フランク・スカリー『UFOの内幕』たま出版
森田正光『UFOは気象現象である』マガジンハウス
ジョン・スペンサー『UFO百科事典』原書房
L.フェスティンガー、H.W.リーケン、S.シャクター『予言がはずれるとき』勁草書房
チャールズ・バーリッツ、ウィリアム・L.ムーア『ロズウェルUFO回収事件』二見書房
ジョン・リマー『私は宇宙人にさらわれた』三交社
別冊歴史読本特別増刊『禁断の超「歴史」「科学」』新人物往来社
別冊歴史読本『謎の超古代文明と宇宙考古学』新人物往来社
「科学朝日」1995年1月号
「UFOと宇宙」No.12,No.16
「丸」2004年1月号、1007年4月号
「X-ZONE」No.12 デアゴスティーニ
「文藝春秋」2000年2月号
「週間新潮」2006年12月7日号
2005年11月26日付日本経済新聞朝刊
Kevin D.Randle『A History of UFO Crashes』Avon
『Aliens』Parragon
『FATIMA』Consolata Missions' Publications
Jacques Valee『Passport to Magonia』Contemporary Books
Peter Hough, Jenny Randles『The Complete Book of UFOs』PIATKUS
Ronald D.Story 編『The Encyclopedia of Extraterrestrial Encounters』New American Library
Ronald D.Story 編『The Encyclopedia of UFOs』Doubleday Dolphin
Hilary Evans,Dennis Stacy 編『UFO1947-1997』John Brown Publishing Ttd.
Peter Brookesmith『UFO,the complete sightings catalogue』Blitz Editions
Bob Rickard,John Michell『Unexplained Phenomena』Rough Guides
Peter Hough,Jenny Randles『the Complete Book of UFOs』PIATKUS
「Fortean Times」No.115,No.127,No.219
「TIME」1997.7.7
「NEXUS」Vol.11,No.2
「Flying Saucer Review」vol.38No.2
「Skeptical Inquirer」vol.24No.6,
www.rr0.org/PetitJeanPierre

F-Files No.014

図解　UFO

2008年4月26日　初版発行

著者	桜井慎太郎（さくらい　しんたろう）
編集	株式会社新紀元社編集部
デザイン	スペースワイ
デザイン・DTP	株式会社明昌堂
イラスト	清水義久
発行者	大貫尚雄
発行所	株式会社新紀元社
	〒101-0054　東京都千代田区神田錦町3-19
	楠本第3ビル4F
	TEL：03-3291-0961
	FAX：03-3291-0963
	http://www.shinkigensha.co.jp/
	郵便振替　00110-4-27618
印刷・製本	東京書籍印刷株式会社

ISBN978-4-7753-0560-7
定価はカバーに表示してあります。
Printed in Japan